原野人 著

# 確かな脱原発への道

## 原子力マフィアに勝つために

# 確かな脱原発への道——原子力マフィアに勝つために　＊　目次

目次

装幀　比賀祐介

# 確かな脱原発への道

## ――原子力マフィアに勝つために

# 第一章　原子力マフィアの実像

## 一　原子力マフィアの誕生

「原子力ムラ」といわれる。むしろ「原子力マフィア」と呼ぶ方がふさわしいように思われる。ムラの村長さん、といえば牧歌的な表現だが、原子力に関わるこの集団については、人々のいのちや健康よりも、儲けや利潤を上におくボスが君臨しているからである。では、そのボスは誰だろうか。

日本で初めて原子力予算（二億五千万円）が計上されたのは、一九五四年のことである。原子力基本法、原子力委員会設置法、原子力局設置法等が制定されたのは、一九五五年、原子力委員会や科学技術庁が設置されたのはその翌年であった。最初の原子力開発利用長期基本計画が策定されたのもこの年であった。

一方では石炭産業における大合理化が進められているときである。一九五三年八月から一一月にかけては三池労組を中心とした三池炭鉱労組連合会の歴史的な「英雄なき一一三日のたたかい」が行われている。

一九五五年には、石炭産業合理化臨時措置法が通されている。

何万人、何十万人の労働者の首を切り、その家族の生活を破壊した資本主義的合理化、資本主義的「産業構造の転換」の背後では、石油だけでなく、やがて莫大な独占利潤をもたらすことが期待された原子力にも、国家が前面に出て開発を開始したのである。

動力用の原子炉がアメリカで最初に造られたのは、ウェスチングハウス社により、原子力潜水艦ノーチラス号のエンジンとしてであった。完成して就航したのは一九五四年である。爆弾としてだけでなく、動力炉としても、核エネルギーがアメリカで最初に利用されたのは、軍事目的だったのである。

一九五三年の国連総会では、米アイゼンハワー大統領が、原子力の平和利用推進とそのための国際機関設置を訴えて、一九五七年には国際原子力機関（IAEA）が設置された。

アメリカで原潜用に開発された舶用炉（軽水冷却・軽水減速）を発電用に利用して最初に造られたのはシッピングポート発電所であり、運転開始されたのは一九五七年である。

日本の大企業は、東京電力を頂点とする九電力会社とともに、重工、電機、銀行等々が、抜け目なくこれに目をつけるところとなった。一九五五年から一九五七年にかけては、旧財閥系企業を中心として、たちまち五つの集団が、原子力利用導入のために組織された。三菱重工、三菱電機等三菱系二三社によって三菱原子力委員会がつくられ、東芝、石川島播磨を加えた三井系三七社によって日本原子力事業会が結成され、住友系一四社で住友原子力委員会が、日立製作所を中心に二七社で東京原子力産業懇談会が、富士電機を中心に古河、川崎系二五社によって第一原子力グループが結成された。

将来の莫大な利潤のぶんどりあいを予測して、ここにすべての主要な大資本が戦陣をしいたのである。経団連と電気事業連合会などが中心となって、日本原子力産業会議（原産会議）をつくったのも一九五六年であった。

三菱は米ウェスチングハウス社と加圧水型軽水炉製造の技術導入契約を結び、発電用と船舶用の原子炉開発に入った。日本原子力事業会の東芝と、東京原子力グループの日立とは、それぞれ米ゼネラルエレクトリック（GE）社から沸騰水型軽水炉の技術を導入した。第一原子力グループの富士電機は、英ニュークリアパワー・グループから改良ガス冷却炉の技術を導入した。この分野で一歩後れを取った日本の大企業は、資本と時間を節約して、その技術を買ったのである（近年になって、東芝はウェスチングハウス社を買収し、三菱は仏アレバ社と連携し、日立はGEとの提携を深めるところとなった)。

## 二　マフィアはずるがしこい

大企業は用心深く、ずるがしこい。巨額な投資を要しながら、それだけに経営上の危険が大きい産業、あるいは将来は大いに儲かりそうであるが当面利潤は望めないような産業のための研究開発などは、国家の事業として開始する。

一九五五年には原子力研究所が作られた。外国からの導入技術を基にしているとはいっても、研究なくしては有効な利用もおぼつかないからである。一九五七年には東海村で、日本初の小型研究用原子炉(米国製)が運転を開始した。一九五六年には原子燃料公社が作られ、翌年には動力炉・核燃料開発事業団(動燃事業団)が設立され、原子燃料公社はこれに吸収された。これらの経費は、受益者負担の観点に立って上記の企業集団が負担すべきものであるが、実際には国民の巨額な税金でまかなわれている。今日これらは統合されて原子力研究開発機構となっている。

東電も関西電力も、原発を一社で先行することによる危険を避けた。九電力会社と、電源開発株式会社、原子力産業五グループ、金融機関などの共同出資によって日本原子力発電株式会社が一九五七年に設立された。最初の原発としては、イギリスから天然ウラン使用のコールダーホール改良型炉（電気出力一六・六万キロワット）を輸入して、一九六六年に東海村に完成し、日本最初の原発として営業が開始された。中性子の減速材には黒鉛を使い、炉内の冷却材には二酸化炭素を循環して、加熱された二酸化炭素を熱交換器に導いて水からスチームを作り、タービンに当てて発電機を回すという仕組みであった。

二番目の原発としては、アメリカから沸騰水型軽水炉を敦賀に導入することとなった。一九六五年に電源開発調整審議会で決定され、一九六六年には安全審査も済んで設置許可となり、一九七〇年三月には営業運転開始となった。当初電気出力三二・五万キロワットであったが、のちに三五・七万キロワットに上げている。

東電はこれを追い、福島第一1号機（四六万キロワット）として同型の建設を決定し、一九六六年に電調審を通し、その年のうちに設置許可となり、一九七一年三月には運転を開始している。関電は加圧水型を採用して、美浜1号機（三四万キロワット）を東電と同じときに電調審にかけ、設置許可もとって、一九七〇年一一月には運転を開始している。その後両社とも短期間のうちに大幅に大型化しながら、新・増設を急ぎ、他の七電力各社

〈沖縄を除く〉もこれを追うところとなった。

## 三　マフィアの親分〈ボス〉たち

新社会党の『二一世紀宣言』では次のように分析している。

「現代日本の政治と経済を支配しているのは、巨大企業を頂点とし主柱とする〈財界〉です。

資本の集積・集中が進み、有業者人口の〇・一%にも満たない大企業経営者と大株主からなる大資本家階級が、主要な銀行や生産手段などを独占的に支配・管理しています。資本金一〇億円以上の大企業約五千社が、二四〇万社以上もの中小企業を資本関係や取引関係で支配する構造をつくりあげ、利益を吸い上げる仕組みを維持してきました。その人脈、金脈は各界に支配の網の目となって張りめぐらされ、政治的代理人である保守政治勢力と、行政的代理人である高級官僚群との間に〈鉄の三角形〉を形成しています。

大企業の利害や要求に忠実な高級官僚の多くは、〈天下り〉によって財界に入ったり保守政党議員に転身しています。また保守政治家は、企業献金や企業の組織選挙に頼り、その利権を手放そうとはしません。さらに財界の影響力、支配力は、司法界、言論界、学者にも及んでいます。」

これは今日の原発問題をみるうえでも、欠かすことのできない正確な分析である。東電等の電力会社や三菱、日立、東芝等は、現代日本の政治と経済を支配する巨大資本であり、少数で各分野の大きな市場占有率を占めて独占利潤を得る独占資本である。多国籍化してさらに巨大化しながら矛盾を深める独占資本である。これが「原子力マフィア」の親分（ボス）である。

独占資本の経営者だからといって、例えば東電の勝俣恒久前会長や、下河辺和彦会長や広瀬直巳社長や、関電の八木誠社長のような人が、特段の悪人だとか非人格者だというわけではない。独占資本と経営者の関係は、神と神に仕える神官のような関係である。独占資本の支配が続く限りは、誰かがその自己増殖（貨殖）を最大の目的とする経営者という非人間的な存在になるのである。労働者や農漁民や住民がいかに犠牲にされようとも、大きな利潤を実現する経営者こそが良い経営者となる。

様々な領分のマフィアを取りまとめる経団連の米倉弘昌会長は、どこまでも原発にこだわり、停止原発の速やかな再稼働や原発の輸出を求め、自然エネルギーの大量導入や脱原発には反対である。一基（数機）で何兆円にもなる商売をやめたくはない。どんなに多くの、生命と健康を奪い、子どもや親を不安極まりない生活におとしいれ、生業を奪おうとも。

マフィアには麻薬がよく似合う。電力資本に立地したい場所があれば、その市町村等には、麻薬のごとき「交付金」を使う。

電源開発促進対策特別会計（電源特会）が設けられたのは、一九七四年、田中角栄政権下であった。「電源三法」が作られ、原発を造る地元には多額の交付金が使われることになった。財源は電源開発促進税であり、電気料金に上乗せされて消費者が負担する。二〇一一年度に促進税からの税収は約三千億円であった。

二〇〇七年度には、電源特会と石油およびエネルギー需給構造高度化対策特別会計が統合され、エネルギー対策特別会計（エネ特会）となった。原子力推進関係予算は、過去一〇年間で四兆五千億円に上っている。そのうちの四割が「立地対策費」とされている。

特会は一般会計と違って、国会のチェックがほとんどきかないだけに、幹部官僚や族議員や各種のマフィアがはびこる温床とされてきた。他方では、立地の地元に沢山の箱モノをつくらせるなど、まちづくりと運営の基として、交付金なしでは立ち行かなくさせ、原発の新増設誘致をうながしてきた。交付範囲をだんだんに拡大し、運転開始三〇年を過ぎた古い原発が立地する所や、プルサーマルを認めた所に新たな交付金の支給も始めている。

経産省のマフィアはメディアが流す情報を監視・介入し、文科省のマフィアは教科書検定や副読本で安全神話を子どもに押し付けてきた。公益法人や独立行政法人に天下ったマフィアは、エネ特会を食い物にしてきた。

田中角栄氏やその取り巻きや後継者たちは、この特会を活用しただけではない。原発立地計画をいち早く知り、広大な用地などを購入・転売して何億円もの利益を得ただけでもない。

自民党や議員への東電をはじめとする政治献金は巨額に上る。電力九社は一九七三年まで「国民政治協会」の前身である「国民協会」に企業として年間数億円を献金し、自民党派閥の政治団体等にも献金している。電力業界は一九七四年に企業献金の廃止を決めたが、以後は電力業界の役員や旧役員らによる自民党や民主党の議員・政治団体への組織的な「個人献金」に代わっただけである。

## 四　原発になぜこだわるのか

マフィアの親分たちはなぜこれほどまでに原発にこだわるのだろうか。三菱などのメーカーにとっては、独占利潤を含む巨額な商売ができる。

電力会社にとっては、「総括原価方式」が原発に極めて好都合である。投下した資本に比例して、法的に「事業報酬」として独占利潤を確実に上乗せして電力価格を決めることができる。投下した資本には「人件費」（可変資本）も含まれるが、設備費、核燃料費などの不変資本に比べれば、大事故がない限り相対的にも絶対的にも小さくなり、資本の有機的組成がきわめて高度化している。この不変資本は巨大なだけに、献金や寄付なども「原価」の中に容易に忍び込ませることもできる。原発は一基（数機）で何兆円と、不変資本を巨額にすることによって、メーカーとともに、電力資本の利潤を大きくすることができる。こうしてマフィアにとっては、原発がやめられない特別な麻薬となる。

中曽根康弘氏をはじめ、若きは松下政経塾を卒業した面々の多くなど、原発をもつことを、いつでも自前の核武装ができる技術的・産業的能力を保持しておくために必要だと考えるマフィアも少なくない。これも脱原発を困難にしている原因の一つである。特に安全性も経済性も成り立ちえないことがとうに実証されている核燃料サイクルを、廃止したがらない大きな要因となっている。

## 五　とびきりの妙味

電力資本にとって原発が特に妙味をもつのは、前記のように国策となっていて、特別に確実な利潤が保証され、しかも何が起ろうとも、国家の政策と税金によって救済されるからである。新自由主義によって変容したものの、国家独占資本主義の一つの典型的事業ということもできる。

これほどの事故になり、莫大な賠償資金が必要になっていて、東電が債務超過になるのは明らかである。株式会社の原則からみても、破たん状態になった東電の処理は、経営者、株主、金融機関が負担を分担しなければならないはずである。しかし民・自・公の修正協議を経て二〇一一年夏に決まった原子力損害賠償支援機構法では、当初から株式の一〇〇％減資がない。銀行などの融資機関や社債所有企業からの債権放棄もない。

電機や重工やゼネコンなどメーカーからの利潤の返還もない。使用済み核燃料の再処理はとうに破綻しているのに、そのために積み立てられている引当金も使われない。

マフィアたちに刑事責任が追及されることはない。過去にさかのぼっての、東電等役員からの報酬の返還もないし、この原発を推進してきた政党や政治家からの罰金はおろか献金の返還すらないし、高級官僚からの報酬返還もない。それどころか最近「更迭」されたはずの経産省の三幹部には、退職金が二割増しとなり、一千万円超ずつ上乗せされるありさまである。

自然エネルギーの促進に不可欠だといわれても、送配電部門を発電部門から切り離して売却することもしない。

「再生エネルギー特別措置法」は成立したが、電源立地交付金など原発推進制度はそのまま温存されている。本来なら、原発推進関係の予算は全面的に、自然エネルギー推進に転換するべきものである。

東電等では、被曝水準を下げて人間らしい労働条件を確保するためにも、もっと多くの労働者が必要になっているのに、賠償資金をねん出するためにと、リストラで労働者に犠牲が強いられる。

賠償資金は、原子力損害賠償支援機構が、政府から交付された国債を現金化し、それを東電が使う仕組みである。東電がどうやって返済するかは明示されていない。しかもこれに加えて「機構に国が資金を交付できる」としている。結局のところ、東電は今後どんなに資金難に陥ったとしても、電気料金値上げで利潤は確保しながら、交付国債の現金化に加えて、税金の直接注入で生き延びることになろう。

## 六　電気料金は世界一

こうしてマフィアのあくなき儲けのために原発を沢山造ってきた結果、日本の電気料金は世界でも抜群に高くなってしまった。

われわれが一九八五年〜一九八六年に作った『中期エネルギー政策』では、次のように指摘している。

「電源別発電原価は、算出基礎が秘密にされ、送電コストも公開されていないが、通産省の試算でさえキロワット時あたり石炭火力一四円にたいし、原発一三円と並び、しかもこれには放射性廃棄物の処分費や廃炉の解体撤去費は含まれず、使用済み燃料の再処理費はきわめて過小に評価されており、また遠距離立地送配電コストは算入されていない（島根第二原発の公表発電コストは一六円）。」

「原発を建設していない唯一の会社（当時）となった北陸電力の料金が一番安いのは象徴的である。原発のみを次々に建設している日本原子力発電〈株〉が、設立以来二八年間にわたって無配を継続しているのも象徴的である。」

通産省の計算には、原発の事故によるコストアップも、電源立地交付金なども含まれていない。

その後、円高などもあって、火発の発電コストは通産省の試算でさえも原発より安くなると、かれらは「初年度コストは別として、原発の耐用年数は延長できるから、やはり原発の方が安い」などと主張するようになり、原発のコストを一桁にして見せた。

しかし炉や配管の脆化（劣化）による危険度を考えると、原発の使用年数を延長するなどというのは論外である。火発は負荷を激しく変動させることもあって、傷みやすい個所もあるが、危険なく修繕することが簡単であり、耐用年数を延長することも容易である。

しかも彼らのコスト計算では、原発の稼働率を現実よりも高く、火発の稼働率をごく低くとっている。原発の負荷変動は危険を大きくするので、火発によって負荷変動をまかなっている。しかし原発を止めて、特定の火発をベースロード（最低負荷）用に一定の高稼働率で使用することも容易に可能である。コスト計算は同一の稼働率で比較するべきことはいうまでもない。

原発建設を競って急テンポに進めてきた日本の電力会社の電気料金は、世界各国と比較して驚くほど高い。『中期エネルギー政策』には、電気事業連合会、海外電力調査会からの表を収録してあるが、それによると日本の総合電気料金は、カナダの三・二倍、イタリアの二・七倍、フランスの二・一倍、西ドイツとイギリスの一・六倍、アメリカの一・七倍である。これは八三年度の比較であるが、近年の円高によって、これらの差はさらに大幅に大きくなっているはずである。日本の独占資本の暴利を象徴するかのような数字である。

ちなみに表によると、日本の総合電気料金はキロワット時あたり二三・五三円であるが、一般家庭用などの電灯料金は二八・六五円であり、大口電力料金は一七・三五円である。発電原価は一三円だ一四円だとしているのに、（送配電料が加わるとしても）なんと高い独占価格ではないか。もっとも大口用には安くしているが。

われわれが『中期エネルギー政策』によって、これらを批判したことのためか、以後、国際比較のできるこれらの表は公開しなくなった。作成しなくなったのかもしれない。今日、経産省や原子力委員会から提出される発電コストなどに関する数字は、いよいよ実際の算定の根拠（計算そのもの）を示すことのできない、マフィアの数字となっている。

大島堅一立命館大教授の計算によれば、「政府が払った原発の研究開発費、原発の地元自治体に払った立地対策費を加えると、原発のコストは一〇・二五円になる。電力会社の有価証券報告書の財務資料によって独自に計算したところ、（石油、液化天然ガス、石炭による）火力は九・九一円、水力は三・九一円だった。原発は高い」、つまり原発のコストは政府試算の二倍である。「しかも、これは福島事故前の数字だ。これに事故費用や大規模な防災訓練の実施費用などもふくめれば、コストはぐっと跳ね上がる」（東京新聞二〇一一年一〇月二七日）。

原発の本当の発電コストは、火力や水力や風力などよりも大幅に高いことは明らかである。にもかかわらず、原発を再稼働しなければ、火発の燃料費のために電気料金をさらに上げなくてはならない、などとマフィアは主張する。彼らの計算では、原発再稼働による大事故と賠償や除染や、新たに生まれる放射性廃棄物の管理処分（保管）の費用は無視できる。彼らは賠償をごく小範囲、少額で済ませる算段である。しかもそれらのほとんどは国の任務として国民の税金で済ませることができるからである。

## 七　高レベル廃棄物の行方

原発は巨大な負の遺産をもたらす。

使用済み核燃料は、すでに各原発と青森に二万四千体ある（過去には英仏両国に再処理を委託したが、それももう終わった）。これから一〇年間も稼働させると、四万体にもなるとされる。

これをそのまま廃棄物として処分するか、それともむりやり再処理して、大気と海に多量の放射能を放出しながら、プルトニウムと燃え残りのウランを抽出した残物を、容器（キャニスター）の中にガラス原料と一緒に溶かし込んで廃棄物とするかは別として、いずれも大変な高レベル放射性廃棄物となる。

天然ウランと同じ放射能レベルにまで下がるのには数万年かかるとされる。天然には存在しないプルトニウムが含まれるが、それが千分の一にまで減衰するには二四万年を要する。

これらは半世紀ほど「一時貯蔵」した後で、どこかの地下三〇〇メートル以深に最終処分するものとされる。強い放射線と熱によって、ジルカロイ（ジルコニウム合金）の燃料棒も、ステンレスの容器も、脆化したり腐食したりして、ひび割れができたり、破損したりするのは時間の問題である。中身も脆くなって地下水に溶け出しやすくなる。

世界で一応処分場の建設を決めたのは、フィンランドの地震がないとされる所だけである。再処理しないままの使用済み核燃料を容器に収めての処分である。

日本では、北海道（幌延）や青森や岡山や高知などが処分場候補地にされようとしたが、どこにも適地はない。活断層は密に走り、大地震や地殻変動と無縁な場所はない。どんな人工的バリアーを設けようとも、いずれ地下水に洗われるのも避けられない。

廃棄処分された後で、地下水等の汚染が検出されて、収納容器から漏れ出していることが分かっても、あるいは地震によって環境への流出が生じても、人間がにわかに近づいてそれを止めることができるような状態ではない。

やがて生活用水や土壌や海や大気を深刻に汚染することになる。地下何メートルであれ、マフィアが構想しているように、安上がりに埋設廃棄処分してしまってよいような性質のものではない。

これらは、発熱が十分に下がった後でも、陸上であれ地下であれ、耐震建造物の中で、地下水にも雨水等にも洗われることのないように、常時きめ細かく監視しながら、環境への飛散や漏えいを防ぐことのできるシステムを確立して、永久的に管理保管していくべきものである。数十万年でどれほどのコストになるかは、計り知れない。

マフィアは安易な廃棄処分で済まそうとして、必要な極めて高くつくこのような費用を発電コストに入れない。野田政権もマフィアの政治部であることを露わにして、一方では、ツケを将来にまわさないためにとして大衆増税や社会保障改悪をはかりながら、他方ではこの巨大な負の遺産は見ぬふりをして、原発再稼働や新規稼働や輸出を促進する。

## 八　原爆二百個分の灰

福島第一原発はヒロシマ型原爆二万個分ほどの死の灰を内蔵し、そのうち政府試算でも一六八個分は飛散させてしまった。

仏政府系の放射線防護原子力安全研究所の調査報告書によると、福島事故後の三月二一日から七月半ばまでに海に流出した放射性セシウムの総量は、二・七一京ベクレル（一京は一兆の一万倍）で、東電が六月に発表した推計値の二〇倍に及ぶ。

メルトダウンした燃料や炉や格納容器などをどうすべきかは、次章で論ずるとして、高・中レベルの廃水が多量に生まれ、使用済みフィルターや機器などの高レベル廃棄物も発生している。汚染したがれきなども含めて、高・中・低レベルの固体や液体の廃棄物が大量にある。これらを外に持ち出すわけにはいかない。東電は、敷地周辺の汚染により本当は人が住むべきでない地域を事故以前の価格で広く買い取って、自らの敷地にこれら廃棄物を管理保管していくべきである。

水素爆発などで放出された放射性物質は広範に飛散して、東北や関東や中部地方に深刻な汚染地域を作り、全国の食品を危機に陥れた。除染しようもない山林野原を汚し、水を湖沼を海を、作物を家畜を魚を草木を汚す。政府が考える「除染」では、本当は安全に居住できない地域が広大である。外部被曝に加えての内部被曝を抑えるのには、水や食品への国の暫定規制値が、特に子供にとってはいかに甘かったことか。どれほど多くの人々が人間としての生活を奪われていることか。

ごみの焼却灰や下水汚泥焼却灰だけでも、東北も関東も処理・処分に苦しむ。いままで焼却灰等の埋設基準は一キログラムあたり一〇〇ベクレルだったものを、八〇倍にも緩和して、八千ベクレル以下なら通常のごみと同じに処理・処分してよく、それを超えるものは排出された都道府県内で「一時保管」し、あとの責任は国が負うという。キログラム当たり八千ベクレルでも一トンになれば八百万ベクレルとなる。こんなものが通常ゴミと同様に処理・処分されれば、取り扱う労働者の被曝も、流出して汚染される川も海も大変である。これらの賠償や保管等にも東電の発生者責任を貫くべきである。

環境省の試算では、福島など五県で年間被曝線量が五ミリシーベルト以上の区域を中心に除染する場合、土壌の量は三千万立方メートルにもなるという。除染土は他のホットスポットからも出る。マフィアはこの汚染土壌からも発生者責任をのがれ、国や自治体や個人に転嫁する。東電は裁判において、外に放散した放射能は「無主物」であって、自分に責任はないなどとうそぶいている。

全ての除染は東電の費用負担として、「仮置き場」―「中間貯蔵」―「県外の最終処分」などとごまかすことなく、一定レベル以上のものはすべて福島第二原発をはじめ、自らの敷地内に貯蔵・保管すべきである。

## 九　マフィアの誘導

政府（マフィアの政治部）のエネルギー・環境会議が、国民の意見を聴く会を各地で開いた。政府が提示した二〇三〇年時点の原発比率①〇％、②一五％、③二〇〜二五％の三案に関して意見を述べさせる形式である。

この中では当然に①に圧倒的多数の応募者があるのに、当初は②、③と同数の三名ずつに絞られ、しかも③には電力会社などを代表する人が「抽選」で選ばれていたのだから、市民の感覚から見ると驚く。従来の原発建設のための公聴会を始め、マフィアが国民の意見を聴きおく、やらせに満ちたアリバイ作りの場としては、少しも不思議はないが。

政府は②のケースに誘導して、原発は極力長く稼働させ、事故等で稼働率の低下するケースにも備え、建設中のものの完成や新設も、輸出の振興も認めさせようとする腹である。

そもそも①の〇％といっても一八年先までは稼働させる案だ。大飯や高浜原発のような大親分の主要原発は、直下に活断層があっても稼働させる案だ。日本原電敦賀原発や関電美浜原発のように、余りにも古くなって効率が悪いところだけは、敷地内を走る活断層を考慮するかたちをとって廃炉にしていく案だ。真夏の猛暑日にさえ原発なしでも余力を持っているのに、「停電で透析患者が死んだらどうする」などと恫喝しながら、大いに利潤を上げる親分衆のための案だ。市民をごまかすための案だ。

各地の意見聴取会では、発言希望者の中で「〇％」案の支持が八割に上った。「討論型世論調査」でも「〇％」支持が多数派となり、「意見公募」には九万件に迫る意見が寄せられ、そこでも原発ゼロを支持する声が九割近くである。しかも一八年も先ではなく一日も早くゼロにすべきという意見が多い。

主要産業の独占資本が仕切る経団連はこれに反発して、三三の業界団体と地方経済団体の緊急調査結果として、原発ゼロはありえないとする見解を表明した。脱原発では雇用が減るぞと脅しながら。本当は原発こそ設備への資本比率をむやみに大きくして、雇用への資本（可変資本）比率を小さくしてしまったのに。風力をはじめ分散型発電こそ雇用を増やすのに。

全面的な脱原発を確かな軌道に乗せ、風力をはじめとする自然エネルギーを本格的に普及させるためには、原発を麻薬とするマフィアの親分である独占資本を孤立化させること、さらにはこの収奪者を収奪して市民の手中に奪い返すことが必要になる。

# 第二章　悲劇を繰り返させないために
## ——福島事故が明らかにしたこと

### 一　悲劇を絶つには

時として悲劇は繰り返すことを歴史は教えている。

フクシマを繰り返させないためには、原発を速やかに休・廃止する以外にない。

大地震のないドイツでは耐用年数の尽きるものから停止して、二〇二二年までに全廃するということでもよいであろう。しかし地震列島でそれでよいであろうか。

なおドイツ国民の名誉のために補足すると、これをもって日本のマスコミはいっせいに、ドイツは電力の輸入国なのにと批判する。しかしドイツは二〇〇三年以降ずっと電力の輸出超過国（輸入より輸出の方が多い国）である。

日本では原発の稼働に一〇年も猶予をおかなくては、本当に「電力不足」となって、多くの人の生活が奪われるのであろうか。

すでに定期点検、中小事故、補修・改造等のために、二〇一二年春にはすべての原発が止まり、速やかに全原発を休・廃止することは現実的な可能性となっている。

## 二　一九七一年来のたたかい

一九七一年に私が社会党の政策審議会にはいったのは、日本原電敦賀1号機、関電美浜1号機、福島第一1号機の運転が開始された時であった。さらに幾多の建設と計画があったが、どの政党も原発に反対する方針はとっていなかった。平和利用ならよいではないか、と考えられていた。しかし一方では、いくつかの地域で社会党員が先頭に立つ先進的な反対運動が取り組まれていた。他方では米アイダホ国立研究所のレポート等で、原発に重大な問題のあることが明らかにされ始めていた。

日本の国土条件で、独占資本による原発を、党がこのまま容認していては大変なことになるだろうと私には思われた。政審で一年近くかけて、原発を巡って検討・研究を進め、各地の反対運動とも連携しながら、政策論議を深めた。一九七二年一月の第三五回党大会では、関係一九県の共同提案という形をとり、「原子力発電所、再処理工場の建設反対運動を推進するための決議」を満場一致で採択することができた。

これ以来、社会党が中心となった反対運動は、各地の県評、地区労、原水禁、住民組織と協力して、全国的に発展を遂げることとなった。反対運動を抑え込むために国が主催して開始された原発公聴会「公開ヒアリング」などは、建設と稼働のための段取りにすぎなかった。陳述人の選定をはじめ、当初から「やらせ」が明白であり、各地では阻止闘争も取り組まれた。

党内には自治体議員を中心に「原発対策全国連絡協議会」（原対協、初代会長は栗原透高知県議）が組織された。建設に反対する闘いは、完成してからの稼働にもさまざまな形で反対する運動に継承され発展したのも当然である。

反対運動が大きくなるにつれて、これを切り崩そうという介入も様々な形で大きくなった。当時の電機労連や全電通などの動きもその一つだった。推進派の国会議員を作りオルグするために、議員会館などでも東電の人物などをよく見かけるようになった。

一九八五年の第四九回党大会には、外注で起草された『中期社会経済政策案〈総論〉』がかけられた。そのなかのエネルギー政策に関する核心は、まずは稼働中の原発と建設中の原発を容認させようとすることにあった。これに対しては原対協をはじめ、多くの仲間が反撃に立ち上がり、大会のなかで大きな修正を勝ち取った。チェルノブイリ事故に一年先立つ闘いだった。
修正された政策〈総論〉に基づいて作られた『中期エネルギー政策』では、今日でも生きている視点が整理され、稼働も認めない脱原発の政策が明確にされている。

## 三　電力は不足するか

そこにはこう書かれている。

「昨年度の原発が、一四%の設備で二〇%の発電をしたのは、原発を優先的に稼働させ、火力発電所の多くを休止または低負荷運転におとしているからである。高レベル放射性廃棄物等の処理・処分は国の責任で行うことになっていて、個々の電力独占資本の負担にはならないために、目先の計算によって火力より原発を優先稼働させたいのは当然である。問題は過剰な（余裕の）設備に関して、現状のように資本の論理で原発優先稼働・火発休止とするか、それとも国民安全の論理で原発休止・火発優先稼働とするかの選択なのである。」

この論点は今も急所である。「目先の計算」の中では大事故も想定外とされている。その後、残念ながら総評・社会党が解体されるとともに、原発は増設され、全体の一七％の設備比率で、二八％を超える発電量比率（二〇〇九年度）となった。それでも設備は二〇％にもならないのに、「原発は三〇％を占めている」と喧伝され、これをにわかに全面停止するのは「非現実的」だとされる。しかし今では福島と浜岡を除けば、原発の設備比率は再び一四％程度になっている。

「特に関電は原発が四五％を占める」ので止めるわけにはいかないとされる。しかし九電力の中で原発依存度の最も高い関電でも、原発の設備比率は二八％に過ぎない。電気事業便覧（電事連、二〇一〇年版）でみると、九七六万八千キロワットの原発に対して、一六三五万七千キロワットの火発と、八一九万六千キロワットの水力発電をもち、五五〇万キロワットの揚水式発電をもっている。

他に、関西地区には、自家発電や共同火力など、関電に電力を販売できる一千万キロワット以上の設備がある（この詳しい数字をどの電力会社も公表しない）。関電も、東電も、発電と送電網を独占しておくために、自家発などからは、あまり買いたがらない。また火力では、まだ使えるのに「休・廃止」設備にしてしまっているものも何機もある。故障しても火力の場合は、容易に短期間に補修することができる。

さらに必要なら、別の電力会社から購入することもできる。昨日まで、「電力危機」だ、「計画停電」だ、「節電」だと言っていた東電が、急に余力があるので関西に売ってもよいと言い出した。東北には二〇〇万キロワットを融通するという。

「節電」キャンペーンが過ぎて、電力商売にマイナスになっているらしい。「熱中症」を例年以上にテレビで強調させているのも、原発が必要だと思わせると同時に、電力が余っているからもっと使えということのようである。

関電の真夏の最大需要電力は、三千万キロワット足らずだ。上記を活用して、火力を優先稼働しさえすれば、関電の原発も全面的に休止できる。

## 四　火発と原発のどちらがよいか

全国の原発は福島と浜岡を除いて三千六百万キロワットであるのに対し、火力は九電力と電源開発だけでも一億三千万キロワットある。自家発電や共同火力など、電力会社が買電できる設備が六千万キロワットある。水力は九電力に電源開発や公営を含めて四千八百万キロワットある。揚水式発電は二千六百万キロワットある。必要に応じて、電力会社相互に融通することもできる。これらを活用して、火力を優先稼働しさえすれば、全国の原発はいますぐにでも全面的に休止できる。

原発は負荷を変動させるほど事故を起こしやすくなるために、夜間も一定の負荷で稼働させ、余った電力で下のダムから上のダムに揚水しておいて、昼の水力として使うというのが揚水式である。原発に代えて火力の夜間の稼働率を上げて、これを活用することも容易である。

政府は、二〇一二年夏の最大電力需要を一億八千万キロワットと見込んでいるが、これは過去の実績と最近の傾向からみれば、大きめな予側である。しかしこれも上記の火力と水力だけで、余裕をもって対処できる。

われわれがかねてから主張しているように、風力や太陽光や地熱等々の自然エネルギー発電を急速に拡大して、火力、水力と並ぶ電力の柱にしなくてはならない。やがては、蓄電器や揚水式発電等を組み合わせながら、自然エネルギーによって、火力をゼロにすることもできる。しかし自然エネルギーが大きく成長するまで、「脱原発」を棚上げして、原発の再稼働を許すわけにはいかない。

原発を稼働させると放射性廃棄物が累増する。その安全な処理・処分の方法も場所もない。米国と共同してモンゴルに持ち込む、などということが許されてよいはずもない。『中期エネルギー政策』ではこう述べている。

「既存原発を休止したり、建設中のものを中止すれば、損害が大きく、電気料金の値上げが必要になりはしないかという懸念もあるが、しかしよく検討してみると、それらの原発の稼働を認めることによって生まれる放射性廃棄物の処理・処分、特に高レベル廃棄物が少なくとも数万年にわたって漏れ出ることのないように管理処分するのに要する費用等の方が高くつくであろう。」

このほかに、電力会社や経産省のコスト計算には、事故によるコストアップも、電源三法による電源立地交付金なども含まれていない。彼らの燃料ごとの詳しいコスト計算そのものを、いかに要求しても公表したことはない。

しかも円高によって、ＬＮＧ（液化天然ガス）や原油や石炭は相当安価に輸入できるようになっている。

原発による本当の発電コストが、火力や水力や風力などより大幅に高くなることは明らかである。

「原発の代替手段として火力発電に切り替えることで、燃料費が年間七千億円の負担増になる」（東電）などという主張は国民を愚弄するものだ。新たに発生する放射性廃棄物の一〇万年にわたる管理処分（保管）費用も、大事故による損害も、ほとんど東電の「負担増」にはならないのだ。東電の負担なく電源立地交付金等は麻薬のごとく使われるのだ。本当はコスト（カネ）に計算できない命（いのち）と健康と人間らしい生活こそが原発を根底から否定する。原発は安ければよいという問題ではない。

深刻に問題なのは、関電でも日本原電でも九州電力でも四国電力でも北海道電力でも、どの原発も原子炉の炉壁も、炉周りの配管や機器も、予測を超える脆化や劣化や減肉が進み、検出できないようなひび割れや腐食も発生していて、緊急炉心冷却水が入ると、原子炉や主要配管の破裂など、福島以上の取り返しのつかない大事故が発生する確率が非常に高くなっていることである。しかもいずれも大小の活断層が走り、時として大地震が起る場所である。

悲劇を東西で繰り返させないために、すべての原発は一日も早い休・廃止を求めている。

## 五　完成間近でも

『エネルギー基本計画』で政府が定めた、「二〇三〇年までに一四機以上の原発建設」などは当然白紙にして、その筆頭に立つほとんど完成された原発も、建設中の原発も、即刻中止すべきはいうまでもない。電力会社に必要なことは、火力などの増強とともに、言い訳のような僅かばかりの自然エネルギーの導入ではなく、風力をはじめとした自然エネルギーの自らの本格的な導入である。

ドイツのカルカー原発（高速増殖炉）は、建設されながら一度も稼働しないまま廃炉が決まり、今は遊園地となっている。稼働して汚染してしまってからでは、跡地のこのような利用はできない。

マグロで有名な青森県の大間では、電源開発（Ｊパワー）〈株〉の大型原発（一三五万キロワット）が建設途上にある。プルトニウムとウランの混合酸化物燃料（ＭＯＸ）を炉全体で使うというしろものである。危険性が大きい上に、原料プルトニウムを抽出するはずの六ヶ所村の再処理工場は致命的な問題をもち、稼働すらできない。

しかも日本の電力会社が委託していた英セラフィールドのMOX工場は閉鎖されることになった。電源開発は速やかにこの原発建設を中止して火力発電か博物館にでも改造すべきである。同社の本当の任務は、洋上も含め大規模風力発電基地を建設することだ。

中国電力の島根原発3号機はほとんど完成しているが、運転開始前の今なら、火発にでも遊園地にでも改造できる。オーストリアのツベンテンドルフをはじめ、アメリカでも何基かあるように、稼働以前であれば、他に転用したり火力に改造したりするのは容易なことである。

間もなく着工予定だった東電の東通りも、未着工の日本原電の敦賀3、4号機も、中国電の上関も、全ての原発建設計画は中止するべきである。

国家が三菱、日立、東芝、電力等の独占資本の前面に立って進めてきた原発輸出の商談も、即刻中止すべきは当然である。フクシマをもちながら世界に原発を輸出するほど無責任なことはない。世界の核兵器も原発も、廃絶をリードする責務が日本にはある。

## 六　廃棄物はどうするべきか

せめてささやかな家庭菜園で安心して食える野菜をとすると、市販の園芸用腐葉土や堆肥にはかなり高濃度のセシウムが含まれていて、使えないという。農水省は、福島ばかりでなく、東北や関東など一七都県に対し腐葉土や堆肥の生産と販売と利用を自粛しなさいという。有機農業どころではない。農地も、木々も汚染の広がりはすさまじい。山林原野の除染はどうすればできるのか。

清掃工場の焼却灰や、下水処理場の汚泥・焼却灰にも、かなりの放射性セシウムが検出され、関東各都県でも処分に困っている。暫定基準値一キログラム当たり八〇〇〇ベクレル以下のものは普通に埋立ててよく、これを超えるものは、埋め立てには使わずに「一時保管を」と環境省は通知した。その保管場所がひっ迫している。二〇一一年八月末日になって同省は、八〇〇〇超一〇万ベクレル以下については、セメントで固めた上で遮水シートなどで地下水への流出を防ぐ埋立て処分の方針を通知した。

この程度の灰や汚泥でも、最終処分となると生活環境や地下水や海水の汚染を防がねばならない。暫定基準値以下であっても、多くの自治体は普通の埋め立てを躊躇するのは当然だ。この程度のレベルでも、外部に漏れだすことのないよう、建屋内での保管が必要になる。環境省は、キログラム当たり一〇万ベクレル超のものは「一時保管」の後どうしろというのか。

福島県では、汚染された大量のがれきが深刻だ。「福島県内に中間貯蔵施設」を設置したいと、菅首相は辞め際に佐藤福島県知事に伝えて、知事を困惑させた。福島の汚染がれきを他県に持ち出すことは非現実的だろう。

第一原発には、すでに大量の高・中・低レベルの汚染物質がある。これらは原発敷地内に管理保管してゆくしかあるまい。発生者責任に基づき、半径三キロ以内はもとより、本当は人が住むべきでない全ての汚染地域は東電に買い上げさせるべきだ。故郷と仕事を奪われた人々に、そのうちには帰れるだろうなどという期待をいつまでも持たせるのはやめて、希望者からは事故以前の価格で買い取るとともに、別な地域に生活の場所と職を補償すべきだ。

その広い土地の中で、従来の第二原発を含めた原発敷地内に、原発でできた廃棄物も、県内でできた廃棄物も、県外ではあっても一定以上のレベルの廃棄物も、高・中・低に分けて保管できる施設をつくる必要がある。

## 七　廃炉処分はどうするか

東電は、何（十）年か後に、メルトダウンした核燃料を取り出すつもりだ。放射線を遮蔽するため、格納容器を水で満たす「水棺状態」にして、圧力容器の上ぶたを開放し、容器の底に落ちた燃料をドリルで削り取るという。そのためには格納容器とその下部の圧力抑制室の損傷部分を補修しなくてはならない。格納容器にまで漏れ出した燃料は、圧力容器の底に穴をあけて同様に回収したいという。高い放射線の中で長時間作業できるロボットも開発する必要があるという。

格納容器の補修作業に始まり、多くの労働者がさらに大きな被曝をしなくてはならない。しかも溶けて固まった核燃料をどのように（再）処理して、どこでどのように処分するというのか。青森か北海道に持ち出すつもりか。取り出すとしても原発敷地内で、堅固な施設を作り、半永久的に管理保管するしかあるまい。

通常の使用済み燃料棒であれば、この敷地内で、より安全に冷却できるプールを作り、各炉内と各プールから、そこに移して管理保管してゆくべきである。しかしメルトダウンしたものを、そこから取り出すべきか否かは、もっと年月を置き、崩壊熱も減少して、そこの状態が正確に把握されるまでは決めない方が良い（次章に述べるように地下水からの遮断壁を側面にも底部にもつくることは不可欠であるが）。状態によっては、圧力容器や格納容器から取り出して処理するこの工程によって、高線量被曝者を増やすだけでなく、高レベル廃棄物をいっそう増やし、大気や土壌や海水へも放射能をさらに拡散させることになる。

もし溶融核燃料を取り出して一定の容器に入れ、堅固な施設に収めるとしても、すべての格納容器はもとより、原子炉自体も解体撤去はすべきでない。それよりも各廃炉をそのまま墓とし、格納容器を石碑として、それを覆う建造物をどうするかは別として、外部に漏れ出すことのないよう、半永久的に管理保管してゆくのがベターであろう。廃炉の解体撤去によっても大きな利潤を企図している大企業にとっては不満であろうが。

もともと格納容器や原子炉の解体撤去は、その跡地に新設を考えていたマフィアの構想である。

## 八　深刻化する被曝労働

東電がどんなにトラブル隠しやデータの偽造をくりかえしてきたかは、それに東電の役員や、建設や点検に関わった日立、東芝、米GEも、通産省や経産省も関与していたことも含めて、その内容がどんなに危険なことであるかは、かねて明らかにしてきたことであるが、特に深刻化しているのは労働者被曝である。

例えば、格納容器と原子炉のふたを開けた状態で、定期点検中に制御棒の脱落（引き抜き）事故が、かつて何度もあったのに、隠ぺいされていた。北陸電力でも、東北電力でも、中部電力でも起っていた。これらのうち何件もが臨界に到っていたが、そのとき電力会社と日立や東芝、下請けなど「協力会社」の多くの労働者が、格納容器内で仕事についていたはずである。例えば八四年の福島第一2号機の臨界時には、格納容器内で約一〇〇人が点検等にたずさわっていた。

格納容器に入って作業するときは、原子炉は完全に停止していなくてはならない。それでも核分裂生成物からは強いγ線が放射され、炉の近くに長時間いることは許されない。炉のふたを開けていれば放射性ガスも増える。そのような想定内のγ線等に加え、臨界事故では想定外の強い中性子が放射され、それを被曝したはずである。これらの被曝データは公開されていない。

このような現場労働者の公表もされない被曝なしに、原発のメインテナンスはできなかったのである。

今度の事故によって労働者被曝はいよいよ深刻化している。

東電が公表した、緊急時にと設定した上限値二五〇ミリシーベルト（従来は一〇〇ミリシーベルト）を超えた九人の東電社員（最高六〇〇ミリシーベルト超）は氷山の一角にすぎない。

本来、原発作業員の被曝上限は、五年間で一〇〇ミリシーベルトであり、年平均二〇ミリシーベルトが作業員の受容線量だ。

年間の被曝線量限度は五〇ミリシーベルトであるが、これをたちまち超えてしまう現場が多い。

作業に従事した「協力社員」や孫請けでは十分な測定・検査も受けていない場合も少なくない。線量の高い管理区域に入るとき、警報が鳴るのを嫌がり、線量計を外に残すことも従来からあった。

最近明らかになった一例を加えれば、東電グループである東京エネシスの下請け建設会社「ビルドアップ」の役員が、警報付き線量計（ＡＰＤ）を鉛のカバーで覆うように、作業員に強要していた。

今後の作業でも、高い被曝は避けられないであろう。事故でなくとも、かねてから定期点検や修理作業でも、多くの人が高線量被曝を受けている。このような労働者の犠牲によってはじめて成り立つ原発は、それだけでも否定されるべきものだ。

## 九　重荷を背負わされた子どもたち

二〇一一年三月一一日から今日にいたるまで、東電と政府による事故内容とデータの虚偽と公表の遅れには、「大本営発表」といわせるほど、目に余るものがある。事故直後から一時間おきに放射能拡散状況を試算できていた「スピーディ（ＳＰＥＥＤＩ）」（緊急時迅速放射能影響予測ネットワーク：文部科学省の所管で原子力安全技術センターが運用し、専用回線で政府の原子力安全委員会、関係省庁、都道府県の端末にリアルタイムで送信される仕組みになっている）の公表開始は何週間も遅れ、米軍が事故直後に上空から測って作成した汚染地図は日本政府に提供されたが、公表されないままだった。

それによってどれほど多くの人々が、高汚染地区方面に避難して、避けられたはずの高い被曝を受けてしまったことか。

福島第一原発から飛散したセシウム137は広島原爆一六八・五個分という推算値を、政府は大分後になって公表した。水素爆発を起こした日に、官房長官は「直ちに影響はない」などと公言していた。

子どもの被曝に関する政府や規制機関の対応がひどい。胎児、乳幼児、子どもは感受性が強いだけに、被曝を避けるための措置が特に必要だった。それも地面や床からの外部被曝だけの計算ではたりない。水や食物や吸気などによる内部被曝も加わり、深刻化する。

放射線被曝はこれ以下ならDNAなどにも影響のないという安全値はない。自然放射能による普通の被曝は年に一ミリシーベルト（一〇〇〇マイクロシーベルト）程度なので、それに上乗せされる人工的な内部被曝と外部被曝は少ないほどよく、一ミリシーベルト以下にすべき、というのが常識であった。

労働基準法が一八歳未満の作業を禁じているレントゲン室などの「放射線管理区域」の基準は、一時間当たり〇・六マイクロシーベルトだが、これも週三五時間労働として一年間にほぼ一ミリシーベルトに相当する。ところが福島では、小・中学校のほとんどの校庭でこの基準を超えてしまった。

もし一日中さほど被曝に変化のない環境に生活していて、一年間八七六〇時間の被曝を一ミリシーベルトにとどめるためには、毎時平均〇・一一マイクロシーベルトの被曝環境でなくてはならない。

毎時三・八マイクロシーベルトなどという被曝環境が許されてよいはずがない。この数字は、一日のうち八時間を屋外（地上）で毎時三・八マイクロシーベルト、一六時間を屋内で半分の毎時一・九マイクロシーベルトずつ被曝すれば、年間で二〇ミリシーベルトになるという計算によっている。

広範な土地が汚染され、すばやく避難させねばならないはずだったのに、政府はすぐに必要な措置を取らずに、いったんは年間二〇ミリシーベルトまでよいとして、後手を踏んで、多くの人たちに残酷な被曝をさせてしまっている。初期にどれほどの放射性ヨウ素をとりこまされたかも、半減期が八日と短く、短期間で測定不能になるだけに重大である。

成人でも一〇〇ミリシーベルトを被曝するとガンになる確率が〇・五％上がるとされている。年に二〇ミリシーベルトずつで五〇年間だと一〇〇〇ミリシーベルト（一シーベルト）になり、ガンになる確率は五％も増える。問題はガンだけではない、遺伝子等が傷つけられることによって、様々な異常の発生が増加する。各種のガンや他の病気が顕在化するのは、多くは八年以上を経てからだ。

早くから疎開させるべきだった児童にも親にも妊婦にも、とてつもない重荷を背負わせてしまった。各地の詳しい汚染調査も、全面的な食品の分析も極めて遅れをとっている。

東京新聞（二〇一一年七月一四日）によると、ある市民団体が福島市内の子供たち一〇人の尿を五月下旬に採取し、フランスの検査機関で分析した結果、全員の尿から放射性セシウムが検出された。文科省は内部被曝の線量が高いことを知っていたにもかかわらず、早めの対策を打たなかった。

ＡＥＲＡ（二〇一一年八月二二日号）によると、「埼玉県に住む四〇代の女性」の「小学五年の長女の尿の検査結果」から「尿一キロあたり〇・四ベクレルを超えるセシウム１３７」が検出された。母乳からセシウム１３４が一キログラムあたり五ベクレル検出された母親の例も紹介されている。内部被曝がこのように広範な子どもたちに進行している。

事故後に福島県から県内外に転校・転園した小・中学生と幼稚園児は一万七六五一人に及ぶ。家族から離れてでも転校せざるを得ない子ども、転校・転園したくともできない子どもと親の気持にもなってみよ。換気もできない、庭やプールや川でも遊べない子どもの健康を思ってもみよ。

政府が食品の放射能検査を求めていた東北、関東などの一四都県のうち、約百市町村を産地とする農産物は、二〇一一年七月末時点で一度も検査が実施されていないことが判明した。

安心して使える食材が消えていく中で、子供や妊婦は何を食えばよいのか。「生涯上限一〇〇ミリシーベルト」まではよしなどとされ、外部被曝にプラスされて被害の大きい内部被曝の影響が、過小に評価されている。

主食のコメまで、一キログラムあたり五〇〇ベクレルなどという甘い暫定基準値（平均的な食事だけで年間五ミリシーベルト、二〇年間で一〇〇ミリシーベルトの内部被曝と推算されている）で、子どもや胎児の将来はどうなるのか（一年たってからこの基準地は五分の一に引き下げられたが、外部被曝を合わせてみれば、特に子供にはまだ甘い規制値である）。

福島県内に住む〇〜七歳の乳幼児約二千人の尿を、民間の分析機関『同位体研究所』（横浜市）が測定した結果、一四一人から放射性セシウムが検出された（東京新聞二〇一二年七月一日）。「子供は代謝が早いのでセシウムは体内に蓄積せずに排出されるだろう」という学者のコメントもあるが、いかに早く代謝・排泄されても、毎日とる食品の含有量を厳しく管理しなくては、子どもの速い細胞分裂に深刻に影響することになる。

## 一〇　市民の敵は国の中にいる

原子力マフィアには軍事マフィアを兼ねる親分が多い。中でも三菱は国内原発の大半を造りながら、他方では兵器予算の約三割を呑み込む。

先日までは北の国や北西の大国の核こそが脅威であり、核攻撃に対して日本は十分に装備するべきだと喧伝されて、高額なだけで迎撃の成功確率がきわめて低いＭＤ（ミサイル防衛装備）などにも、すでに一兆円を超える血税が浪費されてきた。しかし福島原発は、日本の独占資本とその政治的代理人と幹部官僚こそが、国民を核汚染の中にさらし、いのちと生活を奪う真の敵であることを改めて証明した。市民の敵は国の中にいるのだ。

もしも戦争になって、かくも造られてしまった原発が、核ミサイル攻撃でなくとも、艦砲射撃や火薬爆弾の空爆を受ければ、日本列島は放射能の海に沈没するほかはない。戦争は断じてしてはならない。憲法第九条の改悪は許されないのだ。

今次災害にも自衛隊は活躍したが、どこでももっぱら必要なのは殺人機械ではなく、人命と財産を守るための機械だった。防衛省は兵器の装備をやめて、災害救助用の機械装備に全面転換すべきである。

文科省は、使用済み核燃料を再処理し、抽出されるプルトニウムを「もんじゅ」で増殖しながら発電するなどという「核燃料サイクル」を推進してきた。核兵器に利用できるプルトニウムを蓄えてきた。教科書でも「安全な原発」を教え、小・中学生の副読本にさえ安全神話を書かせてきた。多くの自治体では、原発に協力させられてきた。過ちを繰り返さぬために日教組も自治労も他労組も、民主党などに幻想を抱くのはやめて、独占資本と保守諸政党に対決し、脱原発の闘いに立ち上るべき時だ。

## 一一　マフィアを孤立させよう

菅前首相の発言は国民にかなりの期待をもたせたものの、野田政権は保守本流に戻り、原発再稼働を進めて、脱原発ははるか彼方へ棚上げされそうである。野田首相は「震災復興は千歳一遇のチャンス」と敗戦記念日の前夜に述べたように、庶民の困苦などものかわ、総独占資本、日本経団連の大歓迎するところだ。

東電による賠償資金に、五兆円前後を見込まれた株主や銀行の負担（株式の一〇〇％減資と銀行の債権放棄）も消えて、最終的には電気料金値上げと増税による国民負担に転嫁される。原発メーカーからの利潤の還元など思いもよらぬ。三兆円ほどになる核燃料再処理等引当金にも手は触れぬ。原発を推進してきた歴代の経営者や幹部官僚や自民党政治家などから罰金を取るなどはもとより想定外だ。それどころか「更迭」された経産省の三幹部には、多額の退職金が上乗せされた。

発電と送電部門の分離なども消えた。

「再生エネルギー特措法」は通ったが、過去一〇年間で四兆五千億円を使った原子力関係予算、中でもその四割を占める原発立地交付金などの原発推進制度は温存したままだ。

民衆が怒らず、独占資本が金力に物を言わせて、御用政治家と御用官僚と御用組合と御用学者と御用判事と御用報道に守られている間は、国民の命と生活はどこまでも犠牲にされる。全国各地で、反原発・脱原発の闘いを強化し、独占資本を孤立させる以外にない。

電機労連、電力総連などの労働貴族化した幹部に率いられる連合は、労資協調で原発容認であるが、このような状態がいつまでも続くとは思われない。

かつて水俣病で資本に協調していた新日本窒素労組は、賃上げ停止と配転と組織分断の資本主義的合理化攻撃に対して闘う中で、社会的対応を迫られ、水俣病に対する取り組みの弱さを自己批判して、「会社の労働者に対する仕打ちは、水俣病に対する仕打ちそのものであり、水俣病に対する闘いは、同時に私たちの闘いである」と大会決議し、スト権まで確立したことを、われわれは知っている。

福島事故は、多くの労働者に、人間らしく生きるには資本と闘う労働組合を作るしかないことを日々教えている。

# 第三章　事故から一年で明らかになった問題と脱原発への課題

## 一　格納容器の底が溶ける

土の温度や海水の温度をみて、地下のマグマの状態を知ることがどうしてできよう。首相は、二〇一一年一二月半ばに、「事故収束宣言」を発した。「冷温停止状態」に至ったという。

現地の作業員があきれて、憤りの声を上げたのは無理もない。避難している人々をはじめ、多くの福島県民が怒るのも当然である。

それに先立つ一一月末日、東電は、1号機では核燃料のすべてが溶融して圧力容器（原子炉本体）から格納容器に落ち、容器床面のコンクリートを最大六五センチメートル溶かしているとする解析推定結果を公表した。格納容器内にとどまっているが、外殻の鋼板まであと三七センチに迫っているという。2号機でも最大五七％、3号機では六三％の核燃料が同様に溶けて格納容器に落ち、床のコンクリートを2号機で最大一二センチ、3号機で同二〇センチ侵食しているらしいとの解析だ。

燃料がなくなった圧力容器の水温が下がったのは当然だ。問題は格納容器の底にある核燃料だ。侵食が止まったという保証はない。これらの数字は東電の仮定による推算にすぎない。仮定を置き換えることによって、大きく変わる。

東電は会見で「格納容器内は水位が三〇~四〇センチあり、落ちた核燃料は水につかっているとみられる」とコメントしているが、完全に水につかっているのかどうかさえ、確認できていない。仮に上面は水で冷やされていても、コンクリートを侵食している部分はどうなっているのか。その温度を測定することさえいまだ不可能だ。

二〇一二年一月一九日には、高被曝作業で、2号機に内視鏡を入れてはみたが、立ち込める水蒸気で、燃料部分はおろか水面さえ見られない。

二〇一一年一一月には臨界の疑いもでている。まだ水素が発生して爆発する恐れも皆無ではない。

大きな地震で冷却が失われることもありうる。

4号機では使用済み核燃料を沈めたプールの水さえ不安定だ。特に使用済み核燃料プールは、格納容器の外にあるだけに、冷却を失敗した場合の放出による被害は甚大となる。十分な水で循環冷却し続けねばならないことはもちろんとして、ほかに必要なことはないだろうか。

1、2、3号機を外部から遮断すること、早急に周囲から、地下水の流入や循環水の流出がないように地中から遮断壁で囲むべきことは、かねて指摘してきたとおりである。さもないと、汚染処理水がどんどん増えて、貯蔵能力を超えそうである。格納容器の底部も、貫通したときの溶融核燃料が地下水脈に直接あたることのないように、下から十分な耐熱・耐震性の素材で遮断すべきである。

「廃炉にする」とは、「三〇年以上もかけて、溶けた核燃料まで取り出し、炉や格納容器を解体撤去すること」と同義ではない。

建屋内は高い放射線が測定され、作業は高線量被曝を受ける。人が立ち入れずに、「収束」に必要な作業もできないところだらけである。

## 二　急増する汚染水

毎日五百トン程度の地下水が第一原発の建屋に流れ込んでいる。浄化処理せねばならない高濃度汚染水はそれだけ増えている。冷却再循環系も「収束」どころではない。日に千トンのペースでこれを浄化処理している。うち五百トンを原子炉の冷却水として再利用し、残る五百トンは余剰となり、タンクに保管している。

余剰の処理水を減らすために浄化装置にかける量を減らすと、建屋地下の高濃度汚染水があふれ出ることになる。

浄化装置で放射性セシウムなどをかなりの程度に除去することはできても、これだけの処理水は増えるほかない。しかもストロンチウム90等は除去されないままだ。これも除去できる設備を二〇一二年秋までに設置することにしたようだ。その代り、セシウムを多量に含むゼオライト等の廃棄物の上に、ストロンチウム等を多量に含む廃棄物が大量に生まれる。

保管タンクは増設計画分も含めて一四万トン程度だが、まもなく満杯になる。さらなる増設も検討中らしいが、東電は何とかしてこれを海に放流したがっており、ごまかしの方法が検討されている。

「敷地内に散布等の再利用」が一つ。これには限度があるから、普通の水で薄めて濃度を下げてから海へ放流。これも総量規制（原子炉等規制法）に引っ掛かるとすれば、昨年三件でそうしたように、「緊急事態」を理由に、法的には流出量を「ゼロ」と扱うこと。「事故は収束」したというのに、今年も「緊急事態」で押し通すのか。それとも総量規制値を引き上げるのか。

原子力マフィアの機関、経産省原子力安全・保安院は親分の思惑に忠実だ。全漁連や、魚に依存する庶民などのことよりも、親分の利潤のほうが大事だ。急を要する、前述の地下水流入を遮断する工事などは、いまだに着工させようともしない。

設備から漏れ出す事故もあいついでいる。

「収束」したというのに、浄化処理した水を蒸発させて水量を減らす濃縮装置のある場所で、海水に放出できる基準の約百万倍のストロンチウム90を含む約四五トンの汚染水が漏れ出した。一五トンが床にたまり、他はコンクリートの割れ目などから外部に出て、約一五〇リットルが側溝を伝って海に流出した。実際にはもっと多量だった可能性もある。

前記のタンクから原子炉に冷却水として再利用する水路のホースに、つぎつぎと穴が開いた。雑草のチガヤの葉先が原因とされているが、ホースは高濃度汚染水用も含め、野ざらし状態で、のべ四キロメートルにも及ぶ。鉄製配管のつなぎ目からも漏れ出した。

高濃度汚染水を処理する設備に取り付けられたガラス製の流量計に亀裂が入り、一一リットルの水漏れがあった。施設同士をつなぐ地下トンネルや地下室では、新たに八カ所で相当な汚染度の水たまりも見つかった。高濃度汚染水の移送配管にも水漏れが生じた。一月になってからの凍結による水漏れは、4号機の核燃料プールの冷却系も含めて三〇件に迫る。

一四万トンのタンクが満杯になって溢れそうな処理水に含まれるのは、放射能だけではない。東京新聞（二〇一二年一月六日、二二日）によると、この水には大量の化学物質が含まれ、放出されると、放射性物質とは別に汚染を引き起こす可能性がある。ホウ酸やヒドラジンだ。ホウ酸は中性子を吸収する特性から、臨界防止のために年末までに一〇五トンが投入された。ゴキブリ駆除に使われているホウ酸団子の約二一〇万個分に相当する。ヒドラジンは原子炉等の金属の腐食を防ぐ役割で、七七トン使われた。東電はこの浄化は考えていない。

NHKが専門家と協力して調査したところ、近海の漁場でとれる各種の魚は相当に汚染されている。暫定基準値より高いものが多いから、二〇一二年四月から適用された基準値よりはるかに高いことになる。泥の中の放射能はゴカイが摂取し、それをヒラメ、アイナメ、ホウボウ等の底魚が食い、死骸はまた海底土に帰るので、減らないという。福島原発近海から茨城、千葉への南方向の海底にはホットスポットが生じ、銚子沖の泥には今もセシウムが増えている。東京湾の汚染も深刻だ。河口を中心にホットスポットが生まれている。関東地方の放射能が、雨によって流されてくるからだ（二〇一二年一月一五日放映NHKスペシャル）。

セシウム137もストロンチウム90も、三〇年で半分、六〇年で四分の一、九〇年で八分の一と自然に減衰するのを待つしかないようである。

政府の進める「除染」の限界も明らかになっている。避難者にも居住者にも、不安と不満はつのるばかりだ。

マスコミにあまり見られない大きな問題もまだある。大気への放散だ。通常の「冷温停止」状態であればありえないことだ。いまでも水素爆発防止のためには、格納容器などに窒素を注入する。するとその代りに、大気中に放射能が放出される。建屋内から時折、多少の水蒸気の上がるのがみられるが、これは放射能を含んでいる。大風が吹くと、無残に崩壊した建屋のあちこちから、放射能が飛び立つ。

地震が頻発しているが、さほど大きな震度でなくとも、原子炉周りの破損した配管や格納容器などからは、傷口を広げながら放射能がミスト（霧状）となって飛散する。それらが風に乗って、あちこちに降下する。4号機の核燃料貯蔵プールも疑わしい。

二〇一二年一月二二日からの一週間に大気中に放射された放射性セシウムは、前月より増えている。東電の推定では1〜3号機の放出量は毎時七二〇〇万ベクレルで、二〇一一年一二月より一二〇〇万ベクレル多かった。まだ毎日一七億ベクレル以上も放出されているのだ。

二〇一二年一月二日から三日にかけて、福島市では放射性セシウムの降下量が急増した。これはこのような原発からの直接放出によるものではないだろうか。山林等に積っていたものが大風で飛ばされてきたものかもしれないが。いずれにせよ「収束」どころではない。

## 三　地震による破壊と中性子脆化

二〇一二年一月五日に気象庁が発表したところによると、昨年は震度五弱以上の地震が六八回あり、統計史上最多となった。列島各地で地震が活発化しているという。

こんな状況の中で、原子力マフィアは、停止原発の再稼働を図っている。大地震の問題を過小評価し、設計と対策を過大評価することによって。

しかしかねてから原子炉と配管の溶接部等の応力腐食割れや、水素脆化や、冷却水再循環系など配管の亀裂や、要所配管の減肉などを知っているものなら誰でも、福島では大地震そのものによる破損があったのではないかと考える。筆者も二〇一一年三月に書いた『科学的社会主義』（以下、同人誌と記す）の五月号の中でも「それ以前に地震によって炉本体の配管接合部や制御棒案内管等の周辺が損傷していたかも知れない」としている。制御棒案内管が原子炉底部にあるのは沸騰水型（東電、東北電、中部電、北陸電、中国電、原電敦賀1、東海2）の弱点であるが、重要配管等についてはどの型にも言える。

加圧水型（関電、北電、四電、九電、原電敦賀2）の危険な弱点は、前掲同人誌上や『核問題入門』（十月社、八〇〜八三頁）等でも繰り返し強調してきたように、中性子脆化が想定をこえて速いことである。最近では沸騰水型でも稼働年数の長いものはこの脆化が深刻化しているが。

『日本型社会主義と脱原発』（同）には、一九八八年に資源エネルギー庁から得た表がある。この時点でも美浜1号機を筆頭に、同2、3号機、高浜1号機、大飯1号機、玄海1号機、伊方1号機などの脆性遷移温度が、初期値よりどれほど高くなっているかが、示されている。

二〇一一年七月二日の東京新聞は、最近の「圧力容器脆性ワースト7」を載せている。それによるとこれらに加えて敦賀1号機も、福島1号機も脆性遷移温度が五〇度を超えるほどに上がっている。

新しい鋼材は低温でも粘り気をもつが、稼働により中性子照射を受けるほどに粘り気を失い、急に脆くなる温度（脆性遷移温度）が高くなってしまうのである。同一規格の材質であっても、ほんのわずかな組成や不純物の違いによっても、この温度の上がり方は違うので、それぞれの母体からとったテストピース（試験片）を炉内に入れておき、数年から十数年ごとに取り出して検査する。

地震時などに緊急炉心冷却装置が作動して、冷たい（常温の）水が注入され、普段一五〇気圧、三〇〇度以上で運転されている圧力容器内面が、粘り気のない温度まで急冷されると、破裂する恐れが生まれる。かつてアメリカで一〇〇機をこえる原発の建設と計画がキャンセルされ、稼働中のものの何機もが休止することとなった原因の一つである。

炉壁はテストピース以上に脆化していることもありうる。一五〇気圧で運転していると、一平方メートルあたり一五〇〇トンもの圧力が加わって、炉壁には大きな張力が働いている。テストピースにはこの張力は少しも加わらない。特に問題なのは炉壁の溶接部だ。そこには応力が集中するばかりでなく、銅などの不純物も集まりやすいし、その上、炉内で発生する水素が溶接部に侵入して水素脆化を進行させる。テストピースはこれらの複合作用にも無縁である。

恐るべきは、試験片の検査が必要な期間ごとに実行されないケースがあること、保安院に報告されないケースすらあること、また過去を想起すれば、データの改ざんは経産省を含めたマフィアのお手のものであることだ。

しかもいま稼働している原発の耐震設計がいかに不十分であるかは、同人誌の二〇〇七年四月号に書いたとおりである。そこでは、重要配管の溶接個所や曲部は何万とあり、一回の定期点検で検査できる箇所は限られていて、何年も検査されない箇所が多いこと、しかも検査してもひび割れなどをきちんと検知できないことすらあり、配管の破断（あるいは破裂）による冷却材喪失事故の発生確率を高くしていることも、実例をもって示している。

新しいからといっても油断できない。大型化と経費節減合理化とで、かえって危険性を増しているものが多い。過去の地震や振動によって、要所にすでに金属疲労が進んだり、歪（ひずみ）が大きくなっているものも多いし、発生したひび割れが見過ごされているものも少なくない。次の一撃によって、福島の悲劇を繰り返す恐れが大きいのだ。

これらのことをごまかしながらの、コンピューター上の計算（仮定の設定次第でいかようにもなる）によるストレステスト（安全評価）は、マフィアの国際機関ＩＡＥＡまで活用して、関西の大親分の大飯を手始めに合格とされ、再稼働が推進された。若狭湾も浜岡や茨城や伊方に劣らず巨大地震の起るところだ。

設計時は三〇年（税制上は一五年）を想定していたはずの耐用年数も四〇年に延長され、さらには糊塗策をもった申請次第で、六〇年にも延長されることになりかねない。

われわれは各自治体の原発廃炉決議や署名運動や、裁判闘争などをてこにして、全原発の速やかな廃炉や再処理工場廃止への闘いを強めたい。

## 四　代替エネルギーは十分ある

原発抜きで、火力と水力だけで間に合うことは、昨年の夏に（真冬に需要がピークになるのは北海道だけ）すでに十分実証された。

世論を原発不可欠論・再稼働に誘導するマフィアの電力不足キャンペーンに対しては、『週刊新社会』の二〇一一年七月の号外や、八月一六日号や、同人誌の五月号、八月号（六月執筆）、一〇月号（八月執筆）で、電事連のデータに基づいて批判してきた。これほど原発の比率が高くなってしまっても、原発はすぐにでも全面的・永久的に休・廃止できるのだ。

実は火力を優先稼働しさえすれば原発は全く不要であることは、この四〇年間、原発容認派との論争で言い続けてきたことである。

容認派は「代替エネルギー確立までの過渡的エネルギーとして認めよう」と主張した。代替エネルギーとして、新エネルギーや核融合をあげていた。これに対してわれわれはこう反論している。

「新たに建設するのは、当面LNG火力を中心にするべきであろう。」（同人誌一九八九年八月号）

「いま例えば東京電力が、一二〇万キロワットの発電所を作りたいとする。これを原発で青森か福島に作る代りに、消費地近くにもっと分散してLNG（液化天然ガス）の火力等で作ることは今でも可能なのである。原発は立地の確保・整備から設計・建設・完成までにすぐに一〇年はかかる。代りに一〇年の間にしようとすればできるのはLNGの確保と発電設備の新設だけではない。様々な省エネルギーの具体的政策とピーク時の需要を削減する方策によって、そのような大型発電所の建設そのものを不要にすることもできる。」（同一九九三年八月号）

一九八五年から翌年にかけて、原発容認派との闘いの中で作った社会党の『中期エネルギー政策——原発依存からの脱却』では、「当面の新増設は、石炭の無公害化利用と、LNGとLPGと石油を中心とする。ソフトエネルギー開発との見合いで……」として、熱併給発電（コジェネレーション）や燃料電池や、石炭のガス化複合発電等までていねいに解説している。

「原発をなくす」とした新社会党の『私たちの中期的な政策』では、「当面、天然ガスの利用率を上げ、省エネを進めながら、風力、太陽光、潮力など更新性エネルギーの開発利用を促進します。誰でもどの事業者でも燃料電池等の自家発電ができるようにし、余剰電力は電力会社が売電価格で買い取るものとします。」としている。

四〇年前には、二五か国の科学者や経済学者などからなるローマ・クラブによって『人類の危機』が出され「成長の限界」が叫ばれた。そこで掲げられた「耐用年数」は天然ガスが二二年〜三八年、石油が二〇年〜三一年、石炭は一一一年〜二三〇〇年であった。四〇年たった今日、天然ガスも石油も枯渇するどころか、確認埋蔵量は大幅に増えている。

地球温暖化（寒さに弱い者としてはむしろ歓迎したい思いだが）の主因は太陽活動などにあり、二酸化炭素などは副次的原因と思われる。しかしできるだけこの排出を少なくしようとするには、炭化水素燃料の中では天然ガスが最上であることはいうまでもない。

## 五　ドン・キホーテと風力

速やかな脱原発のための代替エネルギーは、ＬＮＧや石炭を中心とすべきである。世界ですっかり立ち遅れてしまった自然エネルギーの拡大にも拍車をかけねばならない。

「風力発電は、日本ではまだわずかしか造られていないが、ドイツ、デンマーク、スペイン、オランダなどではすでにかなりの比重を占め、EUの合計は一〇〇〇万キロワット規模になろうとしている。日本ではまだ一〇万キロワットにも達していない」と同人誌の二〇〇一年六月号に書いた。

日本に似て島国のイギリスでは、二〇一〇年に一〇〇機で一基三〇万キロワットの洋上風力発電所を稼働させた。風力を自然エネルギーの軸と定め、二〇年までに消費電力の三〇%をしめることを見込んでいる。

石原東京都知事は風車をバカにして、ドン・キホーテのごとく攻撃してみたものの、都としては、LNG火力を建設するほかに、太陽光を助成し風力のための基金も作るらしい。

太陽光発電は、真夏に冷房が不可欠な地域では特に有効であるが、雪の積もる北国や北陸では効率的ではない。パネルはまだ高価であり、量産効果とあわせて技術的革命が必要に思われる。

手元にドイツの「環境・自然保護・原子力安全省」が著した『数字で見る更新性エネルギー』がある。二〇一〇年にはすでに消費電力の一七%を更新性エネルギーが占め、二〇二〇年には三五％、二〇三〇年には五〇％、二〇四〇年には六五％、二〇五〇年には八〇％を最低目標としており、その軸には風力が座っている。自然エネルギー部門によって、二〇一〇年現在で三六万七千人の雇用が得られている。百余頁に及ぶ多様な興味深いデータがみられるが、詳しい紹介は別な機会にしたい。

風力の音波公害は、民家から距離を置くことなどで解決は容易だ。日本でも北海道等である程度の規模になろうとしているが、問題は北電等の電力会社にある。「再生可能エネルギー特別措置法」は今夏に施工されるが、送配電網を独占する十電力会社の多くは、風力発電の買取りに上限を設け、風力の拡大を抑えている。北電などは風力事業者側に、需要に合わせて出力調整のできる風車の設置を義務付けた。

風力の変動は、電力会社間で融通すれば十分吸収できる。電力会社側こそが火力での負荷追従運転で対応することでも、さらには揚水式発電を活用することでも、大規模な蓄電装置をおくことによっても、風力の買取りや発電を大幅に伸ばすことができる。電源開発（Jパワー）は大間のMOX専焼炉建設を即刻中止して火力に改造するとともに、要所に洋上風力発電基地を造るべきだ。なお九州大学応用力学研究所が開発中の「風レンズ風車」は大いに有望にみえる。

原子力を麻薬としてしまった日本のマフィアは、ここでも立ちはだかる。放射性物質の拡散と、廃棄物の「処理」、「一時保管」、「中間貯蔵」、「県外処分」などと、原発発生者責任を逃れて巨大な負の遺産をわれわれの子々孫々に押し付けながら、平然と原発の再稼働や建設や輸出を進める。原子力マフィアの親分たち、独占資本を孤立させる闘いを強化する以外にない。

# 第四章　重大事故の現状と原発のない社会への道

## 一　核燃料プールと炉の現状

あらためて二〇一二年五月二六日に公開された福島第一原発4号機の建屋内の映像は凄まじい。

使用済み核燃料プールは人々の心配を受けながら、事故後に作られたサポーターで補強されている。プールの底から鋼鉄の支柱を取り付け、コンクリートで囲んでいる。このプール自体にはさほどの傷みは見えないが、天井（建屋）はなく、水面は、がれきがプール内に落ちないようにネットや浮き板で覆っている。

昨年の大地震と水素爆発で衝撃を受けて劣化が懸念されるプールは、余震が続く中で、次の大きな一撃を受けた場合に亀裂を生ずるようなことはないだろうか。冷却水の循環系は大丈夫だろうか。二〇一二年六月三〇日の早朝から七月一日夕にかけて、冷却ポンプが電源トラブルで停止し、予備の装置も動かずに、水温は三三度から一〇度近く上がった。
事故時には水位が相当に下がり、燃料棒が昇温して、一部は破損しながら水素を発生して建屋内で爆発したと思われる。

このプールには使用済み燃料七八三体、定期点検で炉内から出した使用途上の燃料五四八体、未使用の燃料二〇四体の計一五三五体が収められている。ヒロシマ型原爆が発した死の灰の五千個分以上を含む。

格納容器の外にあるだけに、このプールが空になり、核燃料が溶融するに至れば、大気と海に拡散する放射能は多大となる。

1、2、3号機のプールと、近くの1〜6号機共用のプールには使用済み燃料が約一万体もあるが、4号機のような使用途上だった燃料棒はないだけ、発する崩壊熱は比較的小さいとはいえ、循環冷却水を失えば、燃料棒が破損して放射能が放散されるのは時間の問題となる。

1、2、3号機のメルトダウンした核燃料は依然として深刻である。原子炉(圧力容器)から格納容器に落ちて、容器床面コンクリートを溶かしてきたが、一部は外側の鋼板まで到って溶かしている恐れはぬぐえない。その部分をチェックしようにもすべはない。かろうじて分ったことは、日に数百トンの循環冷却水注入にもかかわらず、どこか破損部分からじゃじゃ漏れしていて、格納容器底部には水がほんのわずか（数十センチメートル程度）しかたまっていないことである。溶けた燃料棒がどのような姿をとって、その芯や底部や上部の温度や状態がどんなであるかは全く掌握できないままである。

八月三〇日から、1、2、3号機の原子炉への注水量が低下し、調整しても断続的に減少する状況が生じて、長期安定的な冷却が危ぶまれる。

## 二　あふれる汚染水

高濃度汚染処理水の増加も深刻である。原子炉、格納容器から流れ出す冷却水は高濃度汚染水となって原子炉建屋地下、さらにはタービン建屋に流れる。いくら処理して循環使用しても、地下水が日に五〇〇トン近く流れ込むために、この増加分はタンクに貯めなくてはならない。タンクはすでに約二〇万トン（ほぼ千基）にも増設されたが、それでもあと二か月程度で満杯になる。地中にシートを張った溜池を作って貯めるという。これで漏れ出さないはずはない。

ストロンチウムも除去する設備（どこまで除去できるかは不明とされる）を造って、処理しながら海に放水したいという。セシウムは処理してあるとはいえ、メルトダウンした燃料をなめてくる水は高濃度に汚染されているため、セシウムさえ十分に除去できているわけではない。この二〇万トンもの汚染水を放流してよいはずがない。放水が日に五〇〇トンのペースでも大変な絶対量となり、近海はおろか世界の海をいよいよ汚すことになる。放射性セシウムはすでに米西海岸のクロマグロからも検出されている。

福島県沖の魚介類の三六種からは基準値を超えるセシウム（一キログラム当たり一〇〇ベクレル以上）が検出され、あらためて出荷停止となっている。茨城県沖でも同様な事態が続いている。

あの事故で放散された放射性物質は、東電の段々に上げた推定値でさえ九〇万テラベクレル（一テラは一兆）に達し、チェルノブイリ事故のほぼ二割におよぶ。

かねてからわれわれが指摘しているように、地下水の流出入を完全に遮断する遮蔽壁を早急に造る必要がある。側面から囲うだけでなく、底部からの特に強靭な遮断壁も必要である。しかし東電はこれへの出費を惜しんでいる。利潤を増やすのではなく減らす出費としては額が大きいからである。周囲に何本かの井戸を掘って汲みあげ、地下水の流入を減らそうという計画を立てたようだが、極めてお粗末な構想である。

## 三　マフィアの言い分と大飯原発

原子力マフィアの親分たちと強い絆で結ばれ、その政治部を仕切ってきた仙谷由人民主党政調会長代行は、「再稼働せずに脱原発すれば、原発は資産から負債になる。企業会計上、脱原発は直ちにできない」と述べた。

原発は戦争によく似ている。戦況がいかに悪化し、敗戦が決定的となっても、推進してきた責任者たちは止めたら万事休すだ。降伏を先延ばしして、軍艦も戦車も戦闘機も「資産」として使える限り使おうとする。国民のいのちを虫けらのごとく浪費する。軍事産業は稼げるだけ稼ごうとする。せめてもう半年早く降伏していたら、東京大空襲も、沖縄戦による犠牲も、阪神大空襲も、広島、長崎の被爆もなかったものを。

マフィアにとって、麻薬はさばける限り儲けを生む貴重な資産だ。さばける道が絶たれた瞬間に負債となる。

そもそも原発は本当は当初から大きな不良資産（負債）だった。地震列島で、いずれ重大事故の起ることは予想されたからこそ、人口稠密な都会は避けて、わざわざ送電コストのかかる遠方に造られたし、保険会社からは逃げられて、特別な損害賠償制度も作られた。福島原発は昨年まで稼働して水素爆発させたことによって、隠しようもない巨大な不良資産であることが万人の目に明らかになった。これほど拡大された巨大な不良資産を、あらためて西日本でも再生産しなくてはならないのだろうか。

当面幸運にもこれ以上は大事故が起らなくとも、再稼働するほどに、原子炉本体も、周囲の設備も放射能で強く汚染される。汚染源は核分裂生成物（セシウムやストロンチウムなど）やプルトニウムばかりではない。原子炉本体も内部設備も、稼働するほどに強い中性子線を浴びることによって誘導放射能を生じ、鉄やコバルトやニッケルやマンガン等々の放射性同位元素ができる。メルトダウンした核燃料を取り出すことは別として、原子炉や付帯設備の解体撤去だけでも、多くの人命を短縮する大変な被曝作業となる。しかも外部に放射能を拡散しながら、各種の放射性廃棄物を大量に生み出す。

さらに重大なことには、再稼働は、大飯3、4号機（二機で二三六万キロワット）だけでも、一年で、広島に投下された原爆が発生させた死の灰の二千四百発分の死の灰を生み出す。たった二か月の「限定的な」稼働でも、原爆四百個分の死の灰が、核燃料棒の中に生産される。

これは、再処理しようがしまいが、高レベル放射性物質として、安全に処分する方法はない。いたるところ活断層や地殻変動があり、地下水も豊富で、火山帯も走るこの地震列島で、埋設廃棄処分などできようはずもない。何十万年にもわたって子々孫々が建造物の中で厳重に管理保管しなくてはならない性質のものである。

このような原発が、資本にとっては、稼働させるかぎり利潤を生むから資産だという。停止したら負債になるという。国民にとっては稼働させるほどにひどい負債となる。脱原発を先延ばしするほど、深刻な負債となる。

しかも原発は優遇税制により一五年間で減価償却される。大飯3、4号機もとうに減価償却され、ゼロの資産になっているはずであるが、核燃料に加えて改造や補修等を大きくとり、総括原価方式の電気料金で、おおいに儲けている。一般家庭等には大企業の二倍もの高い独占価格で売りつけ、四割に満たない販売電力量から利潤の九割を得ている。

仙谷由人氏は、二〇一二年六月二日のBSテレビ朝日で、大飯原発は三菱が造った新しい加圧水型だから、沸騰水型の古い福島原発に比べて十分安全だという趣旨を述べた。

ところが「米サンオノフレ原発3号機で、蒸気発生器の配管に破損の恐れがある部分が計七カ所発見されていた。…加圧水型で、蒸気発生器は三菱重工業が製造し、二〇一〇年に納入した。」（東京新聞二〇一二年三月一八日）、「設計に問題があった可能性が高い」（同六月二〇日）と報ぜられている。

同じ三菱が大飯（3号機は一九九一年、4号機は一九九三年運転開始）より最近に造った原発でも、このような有様である。冷却材喪失事故にかかわる箇所で、加圧水型の弱点も美浜1号機（運転開始は一九七〇年で、東電福島第一の1号機より数か月古い）以来少しも解消されていないのである。

一九七九年に冷却材喪失・炉心溶融事故を起こしたスリーマイル島原発も加圧水型であった。この事故の詳しい内容については、拙著『エネルギーのゆくえ』（大和書房）を見られたい。

炉本体の中性子脆化問題に関しては前章を参照されたい。

二〇〇四年八月に起った関電美浜3号機の蒸気配管破裂事故も想起されたい。五人の命を奪い六人に重傷を負わせたこの事故でも、下請け工事業者が責任を問われただけで、関電と三菱重工の責任は明らかにされないままである。

## 四　一〇兆円の危険な浪費

原子炉の本命とされた高速増殖炉がいかに安全性も経済性も成り立ちえないものであるかは、最も先行していたフランスの大型実証炉「スーパー・フェニックス」でとうに実証されている（一九九八年に閉鎖）。一兆円をかけて造られた「もんじゅ」でもあらためて実証された。ドイツでもカルカーに造ってはみたものの、少しも稼働させないまま一九九一年に廃炉とされ、遊園地に改造されている。アメリカも実験炉を建設したが、一九九〇年代までに中止した。

これ以上の解説は要しない。この地震列島で、冷却材の大量のナトリウムが漏れ出した事態を想像してみるとよい。空気に触れれば激焼するし、水をかければ爆発する。「夢の原子炉」どころか「悪夢の原子炉」である。

これが悪夢と消えたら、再処理工場は無用の長物である。軍事用の延長上に設備を持つ英・仏に委託して使用済み燃料からむりやり抽出したプルトニウムは、無闇に貯蔵しておくわけにもいかない。しかしコストは高すぎて、いまの原発で混焼せねばならない事態は、原子力マフィアの中でさえ評判が悪い。

軍事利用可能なプルトニウムは、国内に一〇トン、海外預託分が三〇トン以上もある。再処理と増殖炉に特別なこだわりをもつのは、軍事マフィアを兼ねる親分や子分たちである。「見直さねば」としながらも、これらの推進に関わってきた原子力マフィアは猪突猛進を止めない。すでにこれら核燃料サイクルは一〇兆円の巨費を食ってしまった。

六ヶ所村の再処理工場は、一九九三年に着工して、建設費は当初予定の三倍の二兆二千億円となった。事業主の日本原燃は東電をはじめ九電力が共同して作られた。二〇〇〇年に使用済み核燃料の受け入れを開始したが、事故続きで試験稼働にさえ耐えない。稼働しなくても維持費だけで年に一一〇〇億円かかる。わずかな試運転で生じた高レベル廃液は、ガラス固化設備も事故で稼働させることができずに、タンクに貯められたままである。

東海村の小型の再処理施設も事故を続発させながら、二〇〇六年には電力会社からの燃料受け入れを終えた。ここのガラス固化設備もまともに稼働せず、高レベル廃液がタンクに残されたままである。

死の灰が硝酸に溶かされた高レベル廃液の量は、東海村で三九三立方メートル、六ヶ所村で二四〇立方メートルもあり、放射性セシウム換算で、それぞれヒロシマ型原爆の約四万個分と二万五千個分である。

大地震でこのタンクが破損したり、冷却水が失われて沸騰や水素爆発でも起こしたら、大量の放射能が広範に放出されることになる。

一九七五年に西ドイツの原子炉安全研究所が再処理工場の大事故を想定評価したところ、死者は三千万人に及ぶとしている。

「もんじゅ」も再処理工場も、稼働を目指して続行するかぎりは、マフィアの帳簿では「資産」とされ、廃止を決めた瞬間に「負債」となるのであろう。国民にとっては一〇兆円の上にさらに負担が増えていく不良資産である。ますます高い電気料金と増税を押し付けられながら、しかも命の安全をいよいよ脅かされるほかはない。

二〜三か月であれ、二〜三〇年であれ、どの原発も再稼働すれば、このような、いかんともしがたい負の遺産を拡大してしまう不良資産にほかならない。

マフィアにとっては、庶民がどんなに苦しめられようとも、自分たちの鞄が膨らむ限りは貴重な資産である。いずれ雷は落ちるとしても、自分の頭上に落ちさえしなければよいのだ。独占資本にとって、利潤は当然のごとく庶民のいのちの上に置かれる。

マフィアの政治部は手段を択ばない。宇宙機構法から平和目的限定を削除し、原子力規制委設置法の附則で原子力基本法を改悪して、第二条に「安全保障（軍事）目的」を追加することまでやってのけた。

## 五　マフィアの政治部長

野田首相は大飯原発を「私の責任で再稼働させる。国民生活を守るために」という。お前らのいのちはわしが預かるとばかりに、マフィアの親分を真似た言葉だ。戦争を推進した人とそっくりな言い分だ。

「私の責任」とは何か。彼は将来どのように責任をとるつもりなのか。しかも「マフィアの政治部長」は間もなく任期を終えるのに。

彼にとって福島はすでに「収束」しており、避難生活を強いられている一六万人の人、家族を引き裂かれた人、「除染」では到底安全な故郷を取り戻せない人、生業も健康も奪われ命を縮めている人、将来の発ガン率が著しく高くなった人、甲状腺に「のう胞」が現れた子どもたちのことなど、すでに過去のことらしい。山から流れ来る放射能で、田畑も湖沼も河川や東京湾等の底土も汚染され続けているのに。子どもに安心して食べさせることのできる物が奪われているのに。さらに原発敷地からは大量の汚染水等が流失・放出されそうなのに。

専門家による最新の調査では、大飯1、2号機と3、4号機との間にある断層は活断層であり、3、4号機直下にも断層があり、近くの海域や陸地にある熊川断層などと連動する可能性があるという。そうなると原子炉とタービンを土台ごと破壊する恐れすらある。冷却材が瞬時に失われて溶融・水素爆発する恐れもあれば、制御棒が入らずに暴走・爆発する恐れもあるのだ。

地震列島にかくも原発を並べてしまったことでも、様々な原発事故でも、「もんじゅ」や再処理工場で一〇兆円を浪費したことでも、首相として誰か責任をとったことがあるだろうか。電力とメーカーの経営者や関係した閣僚や幹部官僚がだれか責任をとったことがあるか。推進した議員や政党や首長が、献金や裏金を返上した話も皆目聞かない。

福島事故では、メルトダウンや水素爆発の最中に、枝野幸男官房長官はなんと言ったか。もっと早く避難すれば少量の被曝で済んだはずの人びとが、この責任者の言動によって、なんと多大な被曝をしてしまったことか。

枝野氏はどのような責任をとったか。それどころか今は経産大臣となって、過去の過ちはなかったかのごとく振る舞い、言動をくるくる変えて市民を欺きながら、原発の再稼働にまい進する。このような無責任体制こそが重大事故を起こしたのではなかったか。

原子力マフィアが最も恐れるのは、大飯原発を再稼働しなくては、全原発なしで、真夏の電力も間に合うことが実証されてしまうことだ。「停電」も「人工呼吸器や透析患者の危機」もそのための恫喝だ。全国でも関西でも本当は発電能力が十分あることは繰り返し指摘して来た通りだ。昨夏の東電の「計画停電」で、透析患者等がなくなったという報道は皆無だった。東電の電力は実際には余り、東北電などに売っていた。

橋下徹大阪市長も無責任に民衆の心をもてあそんだ。『週刊新社会』が二〇一二年五月一日号で「選挙資金を作るために、いずれ裏でマフィアの親分衆と手を打つことになっても不思議はない」と予言したとおりになった。一か月が経つか経たぬうちに。

仙谷氏は同上テレビで、原発再稼働なしに火力に頼れば、燃料輸入によって貿易赤字が膨大になると脅した。

しかし東京新聞（二〇一二年五月五日、二五日）によると、米国やカナダではシェールガスの掘削利用で、天然ガス価格は大幅に低下しているが、日本ではその八倍もの価格で他から輸入している。米エネルギー省によると採掘可能な世界の天然ガス埋蔵量は一二〇年分にもなり、今後価格が高騰する恐れは少ないという。日本の電力会社は燃料調達費の増加分を電気料金に容易に転嫁できるので、天然ガスも石油も石炭も世界最高値で輸入している。原発再稼働を見込んで、輸入価格の引き下げには本気で取り組んでいない。最近の円高で、自然に輸入価格は低下しているが。

野田首相は「石油資源の七割を中東に頼っており、輸入に支障が生じれば、かつての石油ショックのような…」と脅したが、同紙（二〇一二年六月九日）によると、「現在の火力発電の燃料は石炭や液化天然ガス（ＬＮＧ）が主体で、価格の高い石油火力は一割程度しか使っていない。そもそも関西電力の原油輸入先はインドネシアとベトナムが九五％（二〇一〇年度実績）を占める。」

首相は「安価で安定した電気の存在は欠かせない」と原発の優位性も強調したが、原発がいかに高くつき、しかも電力をいかに不安定にするかはとうに証明されている。

## 六　原子力規制委員会と規制庁

二〇一二年四月に予定されていた「原子力規制庁」が、民主、自民、公明三党による合意で少し姿を変えて九月に発足することになった。原子力規制委員会は環境省の外局として設置されるが、「独立性」をもたせ、原発を推進してきた諸党が推して、国会の同意をえた五人の委員で構成する。事務局として「原子力規制庁」をおき、原発を推進してきた経産省・安全保安院や文科省などからの採用が中心となる。規制委の委員や委員長に小出裕章さんや広瀬隆さんらが推されることはなく、予想されたとおり原子力マフィアの息のかかった人たちが選ばれた。そもそも設置法において、規制委は「原子力利用における安全の確保を図る」と規定されているとおり、原発推進機関の枠を出ることはできない。

長年にわたりブレーキがアクセルの装飾的部品でしかなかった原子力行政は、「安全神話の崩壊」によってさすがに耐えられなくなった。しかしこの「組織改革」によって、国民の安全こそが重視されることになるであろうか。

改正原子炉等規制法では四〇年で廃炉を明記しながら、原子力規制委員会が発足後にこの制限を見直すことを附則に入れてある。

原発は補修して使える限り使うことを肯定する側に、委員も事務局も圧倒的多数が選定される。委員会・規制庁は、三〇年で設計したはずの原発を四〇年はおろか六〇年でも七〇年でも、各炉が大事故に至らない限りは、「資産」として「負債」とせずに使おうとする。それが彼らの仕える独占資本の論理だ。

環境省は従来から経産省に従属しているような立場にあり、「地球温暖化防止」のために原発の活用を訴えてきたところだ。この誤れる方針は転換されていない。規制庁を担うのが、今までの保安院や経産省にいた人々であり、専門家も、原発を推進あるいは容認する立場の学者が多数派では変わりようもない。

従来は日立、東芝、三菱等の原発メーカーや電力会社とその関連企業から、社員が保安院に転職して、出身企業からの納入でできた原発の検査等を担当することすら、当然のように行われていた。保安院が規制庁になっても、これでは検査自体が信頼性を欠くままであることに変わりはない。かねて無数に生じたデータの改ざんや偽装が、それによってなくなるとも思えない。

範とした米国の原子力規制委員会（ＮＲＣ）では、ヤッコ委員長がオバマ政権の原発推進政策に逆らって辞めさせられた。同僚であるはずの四人の委員は委員長に弓を放ち、ボーグル原発３、４号機として東芝子会社のウェスチングハウス製の二機の建設を認めた。三四年ぶりのことだ。続いて同社製二機の建設をＶ・Ｃサマー原発２、３号機として認可し、さらに日立・ＧＥ製の原発も認可しそうである。

巨大な設備投資に絡んで、独占資本と、霞が関の幹部官僚と、自民・民主など保守政治家との関係に御用学者や判事や報道機関なども組み込まれて、マフィアのごとき支配集団ができていること、彼らは人の生命の上に大資本の利潤を置いていることが、福島の事故によって白日の下にさらされた。しかも福島原発や、稼働を続ければさらなる大事故を起こしかねない原発を地震列島に林立させてしまった責任者たちは、過去からの経営者も幹部官僚も大臣や政治家も何の処罰をうけることはないままだ。今日の国家とは、独占資本の階級支配の機関であることがだれにも分りやすくなっている。

このような国家機関の一つとして原子力委員会・規制庁ができるからといって、期待をよせることはできない。遅ればせながらの、よりましな機関には見えても、基本的にはマフィアの恥部を隠すイチジクの葉にしかなるまい。

## 七　ミニ氷河期とグスコー・ブドリ

世界に後れを取ってしまった自然エネルギーの利用は、七月からの買いとり制度で急速な拡大が期待されるが、にわかに大きな柱になることはできない。速やかな脱原発には、当面火力を拡充することが必要である。

地球はこの四〇万年以上にわたり、ほぼ一〇万年のサイクルで、氷河期（八〜九万年）と温暖期（間氷期、一〜二万年）とを繰り返してきたことが、南極の氷柱に含まれる大気中の炭酸ガスの濃度分析から判明している。このカーブは滑らかな曲線ではなく、ごつごつと無数の中小の山（極大値）と谷（極小値）をとりながら、大きな波を描いている。

主として太陽から受け取るエネルギーの変化によって、地球表面の七割を占める海水の温度が上がると、そこに溶存する炭酸ガスが減って大気中の濃度が上がり、海水温が下がると逆になるというのが、人類活動の活発化する以前の基本的な現象だったと推察される。産業革命以後は人類による炭酸ガスの急激な放出により、大気中の濃度は急増し、その反作用として温室効果により気温が上昇することとなった。

しかし東京新聞（二〇一二年二月五日）が報ずるように、この冬は全地球的に寒さが厳しかった。

世界三万地点の気温のデータを解析している英イーストアングリア大学気候研究所によると、世界の平均気温は一九九八年をピークに、その後は上下しながらも低下しているという。

二〇世紀には高いエネルギーを放射していた太陽が、近年「極小期」に入りつつあるらしい。太陽の活動は周期的に変化し、黒点の数は二〇世紀のピーク時の半分にも及ばないで、一〇年後には相当な「極小期」を迎えるらしい。

つまり現代は一〇万年サイクルの大きな波の「極大期」(大温暖期)にありながらも、短期的に見れば、今は中小波の極小期(小氷河期)に入りつつあるらしい。小氷河期突入説は、すでに二年前にドイツのキール大学の研究所が、深海の海水温の分析に基づいて発表している。

例えば、一六四五年から一七一五年まで続いた太陽活動の「マウンダー極小期」は、かなりの「小氷河期」をもたらしたが、ヨーロッパでは異常な低温となり、テムズ川が凍結し、英仏海峡が流氷によってつながりそうになったとされている。日本でも「寛永の大飢饉」が起きている。

大温暖期の時代の上に聳えた二〇世紀の峰の小極大期(温暖期)に、かくも炭酸ガスが増えても、その温室効果による温暖化は、経験してきたとおり、人類の生存を危機に落とし込むほどではなかった。その被害には対策の取れることが多いように思われる。

今は小氷河期に入りつつあるのだとすれば、グスコー・ブドリに学んで、むしろ温室効果ガスは当面増やしたほうがよいことになる。

原発に代えて天然ガスや石炭等の使用を増やすのは、自然エネルギーを拡充すれば一〇年や二〇年で済むことである。小氷河期が終わり、つぎの温暖期に向かう頃までに化石燃料使用を決定的に減らせばよいのである。今はすべての原発を永久停止させるために、火力の優先稼働と増強をはかるべき時である。オーストラリアやカナダなどからのウラン輸入は即刻やめて、安価な石炭輸入拡大に切り替えるべきである。煤塵除去、脱硫、脱硝の優れた技術は世界に活かしながら。

## 八　マフィアをなくするには

東電は民衆への損害賠償をいかに出し惜しみ、多くの領域の費用を直接国に負担させても、事故原発の後処理費等は巨額となり、債務超過となる。

独占資本のトップに座る東電を、総資本としても日航のように破綻処理するわけにはいかない。株主責任の履行（株式の一〇〇％減資）はない。貸し手責任の履行（銀行などの融資機関や社債所有企業の債権放棄）もない。期待された送配電部門の売却による賠償費用の捻出もない。

原子力損害賠償支援機構から国民負担で返済義務のない二兆四千億円の交付を受けた上に、国からの一兆円の資本注入を受けて「国有化」を飲まざるをえなくなった。しかし柏崎原発の再稼働や電気料金の値上げなどで利潤をあげて、「一時的国有化」にすませたい。発電と送配電の分離も、東電内の「分社化」程度でお茶を濁したい。

エンゲルスは『空想より科学へ』で「生産力の国有は矛盾の解決ではないが、その内にはこの解決の形式的手段、即ちそのハンドルがかくされている。」と述べている。

総資本の、市民を支配するための機関である今日の国家は、主要な産業の独占資本の委員会である。経産省や財務省はもとより、新たにできた原子力規制委員会・規制庁も、有業者人口の〇・一％にも満たない大資本家階級のための機関である。これによる国有化では矛盾の解決にはならない。独占資本支配のままでは、稼働三〇年で設計した原発を、四〇年はおろか、五〇年でも六〇年でも、各機が大事故で巨大な負債に転化するまでは、利潤を得る手段（資産）にしようとする。建設中や計画中のものも輸出も諦めない。

自然エネルギーの開発が大資本にまかされればどうなるかも、過去の列島の諸開発をみれば明らかである。これ以上国土を大資本の草刈り場にさせるわけにはいかない。

市民が国家権力を掌握し、主要な生産手段を市民自身の社会的共有に転化しなくては、失業の解消も、階級の解消もありえないが、完全な脱原発も自然エネルギーの全面的利用も進展しそうにない。

われわれの『二一世紀宣言』は、市民の闘いを発展させるなかで、この変革を遂行しようという。しかも「コミュニテイーと自治を基礎」にしようという。

地域的に変化する自然エネルギーを飛躍的に活用するためには、市民自身が主体となって、その地域に最適のものを造り、他のコミュニテイーとも提携した産地直送を基礎にしながら、火力も既存の大型水力も必要な産業（軍事産業などは即刻廃業し平和産業に改造）のために適切に運用し、今日の送配電網を全国的な市民のためのネットワークに転化・拡充することが不可欠である。

これは残された負の遺産を、市民の安全のために管理するためにも必要となる。

なおここで市民とは、多くは労働者（求職者、退職者を含む）であり、農漁民や自営業者であり、小経営者や自由業者であり、またその家族である。簡潔に言えば、大資本家やその代理人に対立する民衆である。

# 第五章　立ち遅れた市民の政治部

## ——原発をめぐる社会党と共産党

### 一　梅原猛さんの文化人批判

#### ①巨大化した資本主義災—独占資本災

哲学者・梅原猛氏は、次のように語る。

「私はすでに三十年前から原発について反対してきたが、マスコミの人の語るところによれば、原発に反対してきた文化人は大変少ないという。……体制的な文化人はもちろん、マルクス主義をとる反体制的文化人も原発反対を声高に叫ばなかった。マルクスの思想には科学技術文明への批判が全くなかったせいであろうか。……文明の原理に従って人類は文明の利器として原発を創り出したのである。今回の震災は原発の危険性を日本ばかりか世界の人に知らしめ、近代文明の理念そのものを大きく揺るがさずにはお

かないであろう。それゆえ人災であるとともに文明災というべきであろう。」（東京新聞二〇一一年四月一一日夕刊）

こんな理屈でいうならば、ＰＣＢ（ポリ塩化ビフェニル）による被害も、アスベストによる被害等々もすべてが、「人災であるとともに文明災」となる。

資本主義社会の生産は、剰余価値の生産（直接には利潤の獲得）が目的であり、特別剰余価値（特別利潤）の獲得をめざして資本家はいかに非人間になるか、を明らかにしたのはほかならぬマルクスである。社会的にはいかに損失を生み、国民の健康と文化には大きな損害を与えるものであっても、資本の自己増殖（貨殖）のために、資本家は「あとは野となれ、山となれ」とばかりに行動するのである。

東電や関電の経営者がいかに立派な人格者で心やさしい人間であるとしても、神に仕える神官のように、資本に仕える経営者としては、より大きな利潤のために非人間となって、平然と労働者や農漁民や小経営者などを犠牲にするほかないのである。

「資本は頭から爪先まで、毛穴という毛穴から、血と脂とを滴らしつつ生まれるので

ある。」（『資本論』岩波文庫版③四一一ページ）

梅原氏が「マルクスの思想には科学技術文明への批判がまったくなかった」などというのは、マルクスをいかに理解していないかを告白している。

「体制的文化人」である梅原氏にとっては、資本主義以外の文明など考えられないのであろうが、マルクスこそは科学技術の資本主義的利用つまり今日の文明が、何をもたらすかを心行くまで解明しているのである。

ＰＣＢを食品製造の熱媒体や電機器の絶縁材や感圧紙の塗料溶剤にまで使い、アスベストの強い発がん性が分かってからも、大量に断熱材や建材等に使用してきた理由は、マルクスがとっくに明らかにしているのだ。

一般の生産手段が、資本主義的利用と社会主義的利用とではいかに異なるかも、『資本論』が解明しているところである。ただしここで社会主義とは、先進資本主義国から発展してできる本来の社会主義のことである。

特別利潤を得るための競争によって、労働力の使用に向けられる資本部分（可変資本）が、相対的にも絶対的にも小さくなって失業者を生む反面で、機械、装置、燃料等の不変資本部分はどこまでも大きくなる。この資本の有機的組成が高度化する法則も、『資本論』が詳細に明らかにしている。今日の原発なるものは、長すぎた資本主義、永続しすぎた独占資本の支配によって、資本の有機的組成が極度に高度化してしまい、緊急事態が生じた場合に、とうてい労働者が御しようもない、巨大で凶暴な怪獣のごとき機械設備になってしまったものにほかならない。

## ②核エネルギーの平和利用と不破哲三氏

原発（核の発電への利用）も、PCBも、アスベストも、初めから生産・利用が許されるべきものではなかった。特に日本のような地震列島では。社会主義的利用であっても、危険性が大きすぎて、生産手段にも、生活手段にも禁止されるべきものである。

「マルクス主義をとる反体制的文化人」といえば、不破哲三氏が想起される。不破議長（当時）は綱領論議の『質問・意見に答える』の中で次のように述べている。

「現在、私たちは、原発の段階的撤退などの政策を提起していますが、それは、核エネルギーの平和利用の技術が、現在たいへん不完全な段階にあることを前提としての、問題点の指摘であり、政策提起であります。しかし、綱領で、エネルギー問題をとりあげる場合には、将来、核エネルギーの平和利用の問題で、いろいろな新しい可能性や発展がありうることも考えに入れて、問題をみる必要があります。……将来展望にかんしては、核エネルギーの平和利用をいっさい拒否するという立場をとったことは、一度もないのです。……現在の技術の水準を前提にして、あれこれの具体策をここに書き込むのではなく、原案の、安全優先の体制の確立を強調した表現が適切だと考えています。」
（『第七回中央委員会総会決定』二〇〇三年六月二一～二三日）

新綱領には「安全優先のエネルギー体制」「エネルギー政策の根本的な転換をはかる」とあるので、原発はなくするのかと思ったら、そうではないのである。

なるほどこのような「反体制的文化人」の考え方では、反原発とも脱原発ともいえない歯切れの悪さが残り、梅原氏などに批判されるのも当然であろう。

これに対して「反体制的野人」は、『社会通信』八九二号（二〇〇四年二月一一日）で、次のように批判している。

〈この考え方は、「チェルノブイリ事故」を経験する前であったら、また「スーパーフェニックス」や「もんじゅ」によって高速増殖炉の破綻が実証される前であったら、まだしも一定の合理性をもったものだったとも言えよう。

しかし「チェルノブイリ事故」は、原発のもつ潜在的な危険性がいかに大きなものであるかを証明した。地震列島ともいうべき日本の原発においても、近年の中小事故の頻発は、将来、とり返しのつかない大事故が発生する確率の上昇を示しており、放射性廃棄物の処理・処分も含め、将来的に安全性と経済性とをあわせて確立することは、不可能なことが証明されている。

他方では高速増殖炉の破綻によって、天然ウランをいかに精製しても、そのうちで役立つのはたった〇・七％程度の微量成分（Ｕ２３５）でしかなく、埋蔵量で化石燃料に比べても将来展望のないことが証明されている。しかも平和利用といっても自動車、航空、船舶や一般企業や家庭用には所詮無理であり、発電にしか使えない代物である。

医療目的などの小さなものは別として、原子炉は、生産手段としては、つまり原発としては「将来展望」がないことを綱領にも明確にして、別なエネルギーの開発推進も含めて記述するのが責任ある態度ではないだろうか。

しかも先の引用は、核融合などが問題となるかもしれない「未来社会」のことではなく、「民主主義革命と民主連合政府」の「民主的改革の内容」として書かれているだけに、ますます不可解である。〉

もっとも核融合が「未来社会」でも必ずしも安全に利用可能になるとは思われない。わざわざ地球上にミニ太陽を造らなくとも、巨大な太陽が直接・間接にもたらす、あらゆる自然エネルギーを有効に活用する方が優れているように思われる。

### ③「半体制的文化人」とわれわれの考え方

社民党の「半体制的文化人」もかなりあいまいである。結党当時（一九九六年）から何年間も、「原発を過渡的エネルギーとして認める」方針として、建設も稼働も認め、「脱原発」をはるか彼方へ棚上げしてしまった。プルトニウム利用等の核燃料サイクルも推進する立場に立ち、高速増速炉「もんじゅ」や再処理まで、中止ではなく推進するかの政策をとった。さすがに近年はかなり変更しているが、福島事故後の二〇一一年四月二八日の政策でも「実際に電力エネルギーの三分の一を原子力が担っている現実は無視できませんし、直ちにすべての原子力発電を廃止することは現実的ではありません」などと、どこかを意識してか「脱原発」も相当にのんびりした目標にしている。「プルトニウム利用計画は直ちに凍結し」などとして、将来、解凍して推進に転じることもありうるかの表現である。

これらの諸文化人と違って、「反体制的野人」は一九八〇年代にこう書いた。

「大型原発になると、異常時の人間による緊急の安全確保が極めて困難になるばかりでなく、そこに内蔵される核分裂生成物（死の灰）の長半減期の放射能は、核爆弾何千発分にも相当する。その数パーセントが環境に漏れだしただけでも、とり返しのつかない悲劇となる。幸運にも大事故なしに経緯したとしても、不可避的に生まれる大量の放射性廃棄物はいかんともしがたい。何十万年にもわたって、環境中に漏れださないようにできる処分方法はありそうにない。（中略）

もし人間の行動に誤りをゼロにすることが不可能であり、機械や部品から欠陥をゼロにすることが不可能であるとすれば、これほど大きな潜在的危険性をもつ機械装置は、遠い将来にわたって造るべきではないであろう。したがって、われわれは、当面の原発に反対するだけではなく、文字どおりの脱原発を追求するべきであろう。

原子炉を全面否定するのではない。医療用等の小型原子炉は不可欠であろう。例えば、ある大学の研究用原子炉は、脳腫瘍の中性子照射による治療で、他の方法では不可能な成果を上げている。この熱出力はたったの一〇〇キロワットであり、電気出力一〇〇万キロワット（熱出力は三〇〇万キロワット）の大型原発の三万分の一でしかない。この小型炉では、暴走事故や炉心溶融事故の危険性もなく、発生する放射性廃棄物も安全に管理保管するのにさほど困難ではない量である。」

「一般的な生産手段のように、単に資本主義的な利用と社会主義的な利用の違いをみるだけでは不十分である。弁証法が教えるように、量の変化はある点で質の変化をもたらさずにはすまない。大型原発は、ある種の異常時に、人間の緊急行動の限度を超えてしまい、大事故への進展を阻止できなくなる危険性をもつばかりでなく、暴走時の放出エネルギーや水蒸気爆発、水素爆発等のエネルギーがあまりに大きくなり、一定の構造物の中に封じ込めて放散を防ぐことも不可能になる。内蔵し、放出される死の灰（核分裂生成物）の量も莫大となる。しかも、中性子等による原子炉の脆化は、ますます深刻となる。」（『日本型社会主義と脱原発』十月社に所収）

われわれは、ヘーゲル、フォイエルバッハを継承・発展させて武器としたマルクス、エンゲルスの理論とともに、かの国の反原発運動にも学ばなくてはならない。

## 二　共産党の以前の基本方針

日本共産党は二〇一一年三月一一日の福島事故によって方針を変えるまでは、条件を付けながらも、原発の建設や稼働に反対ではなかった。

不破哲三氏は上記のとおり、こう強調している。「将来展望にかんしては、核エネルギーの平和利用をいっさい拒否するという立場をとったことは、一度もないのです。」「原発の段階的撤退などの政策を提起していますが、それは、核エネルギーの平和利用の技術が、現在たいへん不完全な段階にあることを前提にしての、問題点の指摘であり、政策提起であります。」

上田耕一郎氏がとりまとめた『日本経済への提言』（一九七七年）では、「厳しい規制を加える」ことを前提にしながらも、稼働中、建設中の原発は稼働続行、建設続行・計画通りの完成を想定して「エネルギー供給見通し」に算入している。

そこでは「燃料や技術の面で完全に対米従属になっており、自主的立場がきわめて弱い」ことこそが悪いという。すると日本独占資本が、オーストラリア等からウランを自主的に購入して濃縮したり、主従転倒して米ウェスチングハウス社を買収したり、仏アレバ社と提携してやるのなら、原発も大いに結構となりはしないだろうか。「安全性を重視した長期的な展望に立つ総合的な研究・開発体制」をもつべき、という条件を付けてはいるが。

これでは同党が低レベル放射性廃棄物を海洋投棄するための法整備（原子炉等規正法改正、一九八〇年）に賛成してしまったのも無理はない。原発稼働を認め、エネルギー供給の任務を与えるからには、廃棄物をどうするかの方策も欠かせないからだ（幸いドラム缶等の海洋投棄は国際的な反対の盛り上がりで、できないことになったが）。

かつて原水禁の「いかなる核にも反対」は誤りで「ソ連の核はよい」として、分裂組織を作る一因となったことも想起される。

誤りはいつも他の党で、共産党は一貫して正しかったとするかのような態度は改めた方がよい。誤りは認め、方針を正すことを明らかにする方が信頼される。それは「転向」ではなく「進歩」になるのだから。

あえてこのような過去の批判をするのは、以下に示すように今後の共産党に期待するところ大だからこそである。

## 三　社会党と社民党と新社会党

どの党も、平和利用なら条件付きでよいではないかとしていた中で、社会党は一九七二年一月の第三五回党大会で、関係一九県の共同提案として、『原子力発電所、再処理工場の建設反対運動を推進するための決議』を採択した。これがテコとなって、党と総評、県評、地区労、住民組織、原水禁国民会議が中心となった原発反対闘争は各地で発展を遂げることとなる。

党内には自治体議員を中心に「原発対策全国連絡協議会」（原対協）が組織された。建設に反対する闘いは、完成してからの稼働にもさまざまな形で反対する運動に継承され発展した。稼働を認めることは高レベル廃棄物の処理・処分や大事故発生にもかかわるからである。

反対運動が大きくなるにつれて、これを切り崩そうという介入も、様々な形で大きくなった。一九八五年一月の第四九回党大会には、外注で起草された『中期社会経済政策案

〈総論〉』がかけられた。そのなかのエネルギー政策に関する核心は、まずは稼働中の原発と建設中の原発を容認させようとすることにあった。これに対しては原対協をはじめ、多くの仲間が反撃に立ち上がり、大会のなかで大きな修正を勝ち取った。チェルノブイリ事故に一年先立つ闘いだった。

修正された政策〈総論〉に基づいて作られた『中期エネルギー政策』では、今日でも生きている視点が整理され、稼働も認めない脱原発の政策が明確にされている。その中では「われわれの長期エネルギー需給見通し」でも、「電源構成計画」においても、「建設されてしまった原発については（休止設備）としてカッコの中におさめ、他の部門により需要の一〇〇％をまかなえる計画」として、それを容易に実現できる政策を提案している。

残念ながら総評が解体され、御用組合からの介入も大きくなって、党内民主主義が形骸化していった。山花貞夫委員長らが小選挙区制を呑んで細川内閣に入閣し、村山富市委員長が自民党に担がれて首相になり、社会党の基本政策を転換するという致命的な誤りを犯すこととなった。多くの国会議員が民主党に行き、社会党は崩壊して、九六年には安保・自衛隊・原発を容認する基本政策をもった社民党が生まれた。

それとともに、本来の基本政策を堅持する闘いの先頭に立っていた平和戦略研の矢田部理、山口哲夫・両参院議員の旗のもとに、小森龍邦、岡崎宏美・両衆院議員、栗原君子参院議員、全国の反原発・脱原発の闘いを担っていた稲村稔夫前参院議員、関晴正、吉田正雄・両前衆院議員、田辺栄作・前新潟県議、渋谷澄夫・北海道議をはじめ原対協の人たちも馳せ参じて新社会党が結成された。

新社会党は結党時から「原発の建設・利用に反対し、〈もんじゅ〉などプルトニウム利用は即時中止し、脱原発・無公害エネルギーの開発を進め、省資源・リサイクル型の社会を実現します。」(『当面の政治目標(一九九六年綱領)』)と掲げている。

数年をかけて二〇〇二年に策定した綱領『二一世紀宣言』では、「原発もプルトニウムの生産・利用もない、風力や太陽光等のソフトエネルギーを中心にすえる社会」を目標に定めている。

同時に決めた『私たちの中期的な政策』では、「原発の建設や輸出は中止し、老化度や危険度の大きいものから速やかに廃止します。〈もんじゅ〉や……再処理事業など、核燃料サイクルは即時廃棄します。できてしまった放射性廃棄物については、自治体と住民と専門家による監視のもとで、発生者が責任を持って原発敷地内に管理保管するようにします。」「当面、天然ガスの利用率を上げ、省エネを進めながら、風力、太陽光、潮力など更新性エネルギーの開発利用を促進します。」としている。

### 四　脱原発諸党の共同を迫る福島の悲劇

社民党は一九九六年に原発容認でスタートしたものの、『社会民主党宣言』（二〇〇六年）では「あらゆる核を否定する立場から、脱原発を積極的に推進し、エネルギー利用の抑制を図りながら、自然エネルギーの開発・定着に取り組みます」と改めた。「原子力発電からは段階的に撤退します」（二〇〇九年総選挙政策）としながらも、この問題を軽視してか一時連立し、入閣したが、民主党政権は原発推進の法律や基本計画を定めてしまった。

福島の悲劇を契機に、共産党も、社民党も「脱原発」の方針に改めて姿勢を正したといってよい。両党が使う「原発からの撤退」という言葉は、事故直後に東電社長が口走った言葉と重なってしまい、的確な用語とはいえない。それに一〇年をかけるという政策もいただけない。一〇年間で一万体以上も増える使用済み核燃料（高レベル放射性廃棄物）をどうするのか。大事故はありえないのか。大地震のないドイツとは違う。

なおドイツ左翼党の綱領（二〇一一年決定）では「われわれは、すべての原子力発電所の即時停止と核技術の輸出禁止を要求する。基本法の中に、いかなる――平和的であれ軍事的であれ――原子力エネルギー利用も禁止する旨が明記されるべきである」（原　八峰訳）としている。

再稼働を許さない闘い方次第では、速やかに全原発を休・廃止できる。昨夏にも今夏にも証明された通り、火力を優先稼働させさえすれば、水力とで、脱原発はすぐにでもできる。自然エネルギーの急速な拡大は必要だが、それが成長して原発を順次撤退できるまで、脱原発を待つというのでは民主党政権の方針に似てしまい、本意ではあるまい。

民主党はすっかり馬脚を現し、財界の意に沿う党として自民党と質的に違わないことが明らかになった。原発温存・輸出、大衆増税、福祉改悪、憲法改悪、集団的自衛権、武器輸出緩和、さらには核武装などで保守諸政党は協力を深めようとしている。

田中角栄氏の愛弟子だった当時から原子力マフィアとの絆の深い小沢一郎氏も保守本流からさほど外れるわけではない。「脱原発の方向で」とか「原発は過渡的エネルギーとして」と、本音はかなり長期的に容認する方向であり、消費増税反対も当面の戦術にすぎないようである。過去の歴史を見ても、財界・巨大資本から離れて、市民の立場に立つことはありえない。

共産、社民両党とも、わずかばかりの違いを強調したり、誤りをあげつらうのはやめて、いまでは「速やかな脱原発」で共闘できるはずだ。共産党、社民党、新社会党は共同して大衆運動を発展させるために尽力するべきだ。

必要なのは党の合流ではなく、共同戦線だ。これほど階級分化と多階層化が進んでいる社会では、一つの党で市民の意志を代表し力を結集することはできない。三党でも四党でも足りないくらいだ。たとえ一党で政権についた国があったとしても、まともな社会を実現できたことはない。大きな目標で一致する諸政党が、共同して一歩先を照らしながら、圧倒的多数の市民とともに闘い、変革することが不可欠である。一％に対する九九％のための共同だ。

これらの諸党がバラバラのままでは、いずれも大きな力にはなりえない。巨大資本に対決する共同戦線ができなくては、原子力マフィアはほくそ笑み、市民を失望させ、独占資本の支配は安泰だ。

民主党によって作られたこの政治不信の中で、派手に立ち振る舞って市民の味方のふりをしながら、実は巨大資本の立場に立って原発を容認する「日本維新の会」などが躍進しそうである。原子力マフィアに太い絆をもちながら、「反消費増税」とあわせて「脱原発」

も掲げて見せる「国民の生活が第一」にも期待が集まりかねない。

この状況において、左派政党（革新政党といってもよい）、憲法改悪阻止、脱原発早期実現を掲げる政党の中で、第一党である共産党と第二党である社民党の任務と責任は大きい。この二政党が共同しようとしないところに、市民の政治不信の一因がある。過去の一切の行きがかりを越えて、この重要な課題で共同を呼びかけ、その席に着くべきである。

真に市民の期待を受け止め、展望をもって市民を励ますために、共産党も社民党もわれわれも、みどりのような新党にも働きかけて、市民とともに、国政選挙や要所の首長選挙で共同のテーブルを作ろう。

市民の政治部は、共同戦線の中でこそ創られる。盛り上がるデモや、一千万人に迫る署名運動や、自治体決議や、裁判闘争や、まともな脱原発法制定などが、最後の勝利を確実にするために不可欠なことである。

広島と長崎と福島の悲劇をこれ以上くり返させないために。

# あとがき

事故原発の廃炉が報じられている。廃炉とは解体撤去と同義ではない。格納容器や原子炉は原則として解体せずに管理してゆく方が良い。解体撤去でさらに大きな利潤を得たい大資本にとっては不都合であろうが。使用済み核燃料と、メルトダウンしたものをどうすべきか、いま事故原発に何が必要かなどについても、看過してはおられない。

大飯を皮切りに原発の再稼働が開始された。自然エネルギー発電の買取り制度も始まった。原子力規制委員会・規制庁もできた。二酸化炭素による温暖化問題もある。これらをどう見るべきかを、一冊にまとめてほしいと友人たちから要請され、『週刊新社会』『社会通信』『科学的社会主義』『コンパス21』に書いたものを基に、改めて整理しながら新たに書き直したものである。この本を出すに当たり大変お世話になった時潮社の相良景行さんには感謝したい。

☆

京大原子炉実験所助教の小出裕章さんに初めて会ったのは、四一年前、宮城県女川町議の阿部宗悦さんの自宅だった。当時私は幼い子供二人をもつ親として、民間企業を辞めて、公害や原発をなくしたい思いで新しい仕事に就いたばかりのころだった。学生だった彼は、真面目さの中に、すでに強い信念を秘めていた。

茅野市の亡父（伊市）の書棚には、一九九七年一一月に出された『原子力と共存できるか』（かもがわ出版）がある。「九七年一一月一二日、小出裕章さんから受贈、一二月一日読了」とある。当時九一歳の父が、一生懸命熟読したらしく、傍線がぎっしり引かれている。お礼に父が贈った色紙と油絵は彼の研究室と自宅に飾ってくださっているようである。彼の最近の活躍を、草葉の陰からどれほど喜んでいることだろう。

いま小出さんの分刻みの活動に健康への留意を願いながら、非健康となった小生のこの書が少し違った側面から、脱原発の運動に多少ともお役に立てることを切望しつつ。

二〇一二年秋

原　野人

**著者略歴**

原　野人（はら・のびと）

1939年長野県に生まれる。東大工学部で反応装置を専攻し、8年間民間企業に勤務。1971年、「公害のわかる求人」に応じて、社会党政策審議会に入る。科学技術政策委員会事務局長として、脱原発政策の確立に尽力。党が日米安保・自衛隊・原発を容認し、社民党になることに抗して、新社会党の「小さき旗揚げ」に参加。前理論担当中執などとして活動。

**主な著書**

『日本型社会主義の魅力』（時潮社）、『日本独占資本と公害』（河出書房新社、共著）、『エネルギーのゆくえ』（大和書房）、『核問題入門』（十月社、共著）、『日本型社会主義と脱原発』（十月社）

東京都多摩市在住



確かな脱原発への道
——原子力マフィアに勝つために

---

2012年９月25日　第１版第１刷　　**定　価**＝1800円＋税
2012年11月30日　第１版第２刷

著　者　原　　野　人 ©
発行人　相　良　景　行
発行所　㈲　時　潮　社

〒174-0063　東京都板橋区前野町４-62-15
電　　話　03-5915-9046
ＦＡＸ　03-5970-4030
郵便振替　00190-7-741179 時潮社
ＵＲＬ　http://www.jichosha.jp

印刷・相良整版印刷　製本・武蔵製本

---

乱丁本・落丁本はお取り替えします。
ISBN978-4-7888-0680-1